博蓄诚品 编著

新手学PS
图像处理一本通

抠图　修图　合成　特效

化学工业出版社

·北京·

U0387438

内 容 简 介

本书以**实用够用**为写作原则，以**知识讲解＋实操练习＋自我检验**为组织结构，对Photoshop 2022进行了全面讲解，以充分满足办公新手的学习需求。

全书共12章，其内容包含学习Photoshop的必备知识、图层的操作、图形的绘制、图像的修饰、选区与路径的应用、色彩的调整、文本的应用、通道的应用、蒙版的应用、滤镜的应用、动作与自动化的应用，以及视频和动画的应用等。书中不仅介绍了软件的使用方法与技巧，还对一些要点进行了深入剖析，让读者"知其然"更"知其所以然"。同时，穿插安排了"经验之谈"和"注意事项"两个板块，让读者能在短时间内掌握更实用的操作技能。

本书结构合理、图文并茂、用语通俗、易教易学。所选案例贴近职场实际应用，案例讲解详细，可即学即用。本书不仅适合相关培训班学员、各企事业单位的工作人员阅读与学习，还是Photoshop初中级应用者不可多得的"职场伴侣"。

图书在版编目（CIP）数据

新手学PS图像处理一本通：抠图·修图·合成·特效 / 博蓄诚品编著. —北京：化学工业出版社，2022.9（2024.2重印）

ISBN 978-7-122-41887-6

Ⅰ. ①新… Ⅱ. ①博… Ⅲ. ①图像处理软件 Ⅳ. ①TP391.413

中国版本图书馆 CIP 数据核字（2022）第 130039 号

责任编辑：张　赛　耍利娜　　　　　　　　　　装帧设计：水长流文化
责任校对：赵懿桐

出版发行：化学工业出版社（北京市东城区青年湖南街 13 号　邮政编码 100011）
印　　装：涿州市般润文化传播有限公司
710mm×1000mm　1/16　印张20　字数331千字　2024年2月北京第1版第2次印刷

购书咨询：010-64518888　　　　　　　　　　售后服务：010-64518899
网　　址：http://www.cip.com.cn
凡购买本书，如有缺损质量问题，本社销售中心负责调换。

前言

1. 为什么要学习 Photoshop

众所周知，Photoshop是目前较为流行的图像处理软件，它的应用范围很广泛，人们的工作、生活中或多或少都会运用到它。现如今，Photoshop已成为计算机等级考试科目之一，由此可见，它已成为人们职场生活中一项基本的工作技能。

即便你不是做专业设计，而是对这门技术感兴趣，当你学会使用Photoshop后，你会发现自己拥有了一种魔力。它能使胖妹妹变成瘦美人、能使苍老容颜变成年少童颜、能使素面朝天的女生变成般般入画的女神、能给平淡的生活添加一丝生气和色彩……

对于普通职场人来说，学习Photoshop是提高自身竞争力的一条途径，多掌握一种技能，机遇也自然会更多。

其实，Photoshop是一个很有趣的软件，它是值得我们花时间和精力去潜心研究的。

2. 选择本书的理由

编写这本书的目的并不是培养什么Photoshop高手，而是让初学者也能够学会并掌握Photoshop的使用方法。所以本书摒弃了大而全、高深的理论知识，选择实际工作中最具代表性的案例来介绍Photoshop重要的知识点，使读者能快速掌握操作技巧，并做到学以致用。

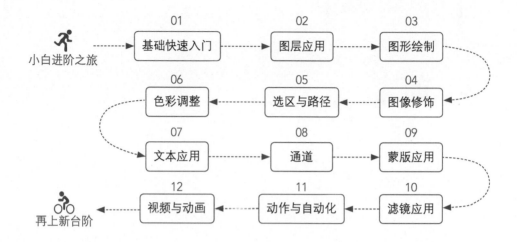

为了能够加深读者的印象，提高学习效率，本书在附录安排了疑难解答，对一些常见的问题进行答疑。

总之，本书不是千篇一律的工具书，而是一本通俗易懂、实用性强、操作性强的"授人以渔"之书。

3. 学习本书的方法

（1）有针对性地学习

如果你是职场小白，建议从Photoshop基础知识学起，然后循序渐进，逐渐掌握更多技能。如果你具有一定的基础，建议根据自身情况，选择自己最薄弱的一块去学习，弥补短板，这样可以节省时间，提高学习效率。

（2）多动手实践

俗话说"纸上得来终觉浅"。在学习每个知识点时，千万不能只学不练。如果只学习新知识，而不动手实践，会造成学与用的脱节。因此建议学完某个知识点后，要立即实践，以保证将操作技巧熟记于心。

（3）寻找最佳的解决方案

在处理问题时，要学会变换思路，寻找最佳解决方案。在寻求多解的过程中，你会有意想不到的收获。所以建议多角度思考问题，锻炼自己的思考能力，将问题化繁为简，这样可以牢固地掌握所学知识。

（4）要不断学习并养成良好的习惯

学习任何一种知识，都不可能"立竿见影"，Photoshop学习也是如此。因此建议养成不断学习的好习惯，当你坚持把一本书看完后，会有一种特殊的成就感，这也是你学习的动力。

4. 本书的读者对象

- ✓ 想让自己拥有一技之长的人
- ✓ 对"P图"技能感兴趣的职场人
- ✓ 想要提升自己工作效率的新手
- ✓ 即将进入平面设计行业的大学生
- ✓ 大、中专院校以及培训机构的师生

本书在编写过程中力求严谨细致，但由于时间与精力有限，疏漏之处在所难免，望广大读者批评指正。

编 者

目录

第 1 章　开门见山入正题——
Photoshop 第一课

第2章　重重叠叠添风采——
图层的操作

第4章　去芜存菁显佳容——
图像的修饰

第5章 披沙拣金择优良——选区与路径的应用

<table>
<tr><td>第 6 章</td><td>绚丽多彩彰风华——
色彩的调整</td></tr>
</table>

第7章 画龙点睛解内涵——
文本的应用

<table>
<tr><td>第 8 章</td><td>相得益彰得妙用——
通道的应用</td></tr>
</table>

<table>
<tr><td>第 9 章</td><td>犹抱本影半遮月——
蒙版的应用</td></tr>
</table>

第 10 章 匠心独妙出巧思——
滤镜的应用

第11章 有条不紊提效率——
动作与自动化的应用

第 12 章 化静为动观变化——
视频和动画的应用

附录

开门见山入正题——
Photoshop第一课

Photoshop 是一款极易上手的图像处理软件，涉及日常工作、生活的方方面面，如常见的宣传海报、招聘启事、网站页面、手机 APP 页面、个人证件照、集体形象照等。在正式学习 Photoshop 之前，首先应对其入门知识进行了解，如应用领域、专业词汇、基本操作等，从而为后面的深入学习奠定良好的基础。

1.1 Photoshop简介

Photoshop是Adobe公司旗下一款专业的图像处理软件，简称为PS。该软件主要处理由像素构成的位图。使用Photoshop可以对图像进行编辑，实现色调调整、污迹修复、文字添加等操作。下面将针对Photoshop的应用领域及工作界面进行介绍。

1.1.1 Photoshop的应用领域

Photoshop凭借其强大的图像处理能力，广泛应用于平面设计、图像后期、网页制作、界面设计等领域。

（1）平面设计

Photoshop应用最为广泛的领域就是平面设计。平面设计包括很多方面，无论是常见的招贴、海报，还是图书的封面、产品的包装等，都属于平面设计的范畴。如图1-1所示为垃圾分类宣传图。

▼ 图1-1

（2）图像后期

Photoshop具有强大的图像修饰、特效制作等功能。通过这些功能，用户可以修复破损照片、修复人像，还可以结合滤镜将不同的对象组合在一起，制作出具有奇幻视觉效果的图像，如图1-2、图1-3所示。

图1-2　　　　　　　　　　　　　　　　▼图1-3

（3）网页设计

在互联网高速发展的今天，网络已经成为人们获取信息的主要渠道。信息的传递离不开网页的设计，不管是网站首页的建设还是链接界面的设计，都离不开Photoshop。使用Photoshop可以使网站的色彩、质感及独特性表现得更淋漓尽致。如图1-4所示为某品牌官网首页。

▼图1-4

（4）UI设计

UI设计主要是指对软件的人机交互、界面美观的整体设计，细分下来包括界面设计、图标设计等。UI设计工作需要用到多种软件，Photoshop是其中使用频率较高的一个软件。使用Photoshop可以使软件界面符合大部分用户的需要，并能使操作更加舒适简单，体现软件特色，如图1-5～图1-7所示。

▼图1-5　　　　　　　　▼图1-6　　　　　　　　▼图1-7

1.1.2　Photoshop的工作界面

　　Photoshop的工作界面包括菜单栏、选项栏、标题栏、工具箱、状态栏、图像编辑窗口、面板。使用Photoshop打开一幅素材图像，显示的工作界面如图1-8所示。

▼图1-8

Photoshop工作界面中各部分功能介绍如下。

（1）菜单栏

Photoshop的菜单栏中包括一些常见的命令菜单，如文件、编辑、图像、图层、文字等。菜单栏如图1-9所示。用户可以单击菜单名称，在下拉菜单列表中选择相应的命令即可执行操作。

文件(F)　编辑(E)　图像(I)　图层(L)　文字(Y)　选择(S)　滤镜(T)　3D(D)　视图(V)　增效工具　窗口(W)　帮助(H)

▼图1-9

（2）选项栏

用户可以在选项栏中设置当前选择工具的参数，选取的工具不同，选项栏中的内容也会有所不同。

（3）标题栏

打开或新建一个文档后，软件会自动创建一个标题栏，用户可以在标题栏中看到该文档的名称、格式、窗口缩放比例、颜色模式等信息，如图1-10所示。

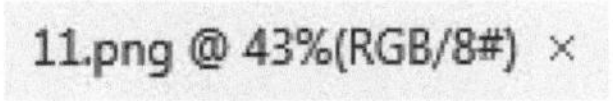

11.png @ 43%(RGB/8#)　×

▼图1-10

（4）工具箱

工具箱中存放着大量工具，如图1-11所示。通过这些工具，可以对图像做出选择、绘制、编辑、移动等操作，还可以设置前景色和背景色，从而帮助用户更好地处理图像。

选择工具时，直接单击工具箱中需要的工具即可。工具箱中的许多工具并没有直接显示出来，而是以成组的形式隐藏在右下角带小三角形的工具按钮中，使用鼠标按住该工具不放，即可显示该组所有工具。

▼图1-11

经验之谈　在选择工具时，可配合Shift键选择。如按Shift＋B组合键，可在画笔工具组之间进行转换。

（5）状态栏

状态栏可以显示当前文档的信息，一般位于工作界面最底部。单击状态栏右侧的三角形按钮，在弹出的菜单中可以选择不同的选项在状态栏显示，如图1-12所示。

（6）面板

面板是Photoshop中最重要的组件之一，主要用于配合图像的编辑、设置参数等。默认状态下，面板以面板组的形式停靠在软件界面最右侧，单击某一面板图标，即可打开相应的面板，如图1-13所示。

▼ 图1-12

❶ 注意事项

面板可以自由地拆开、组合和移动，用户可以根据需要自由地摆放或叠放各个面板，为图像处理提供便利的条件。

▼ 图1-13

（7）图像编辑窗口

图像编辑窗口是绘制、编辑图像的主要场所。针对图像执行的所有编辑功能和命令都可以在图像编辑窗口中显示，用户可以通过图像在窗口中的显示效果来判断图像最终的输出效果。

 # 1.2 图像处理的基本概念

在正式学习Photoshop之前，需要先了解一些图形图像的基本概念，如位图与矢量图、分辨率、图像格式等，以便更好地理解软件，掌握运用软件的方法。

1.2.1 位图与矢量图

计算机图像的两大类型分别是位图与矢量图。其中，Photoshop处理的主要是位图。

（1）位图

位图由像素的单个点组成，又称为点阵图像或栅格图像。图像的大小取决于像素数目的多少，图形的颜色取决于像素的颜色。与矢量图形相比，位图的色彩更加丰富逼真，但存储空间也较大，在缩放和旋转时容易失真。如图1-14、图1-15所示为位图原图与放大后的效果对比。

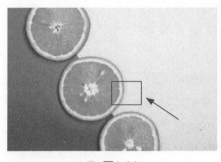

▼图1-14　　　　　　　　　　　　　　　▼图1-15

（2）矢量图

矢量图又称为向量图，是计算机图形学中用点、直线或者多边形等基于数学方程的几何图元表示的图像。矢量图最大的优点在于无论是放大、缩小还是旋转等都不会失真，与分辨率无关。如图1-16、图1-17所示为矢量图原图与放大后对比的效果。矢量图只能靠软件生成，占用存储空间较小，适用于文字设计、标志设计、图形设计等领域。

▼图1-16　　　　　　　　　　　　　　　▼图1-17

1.2.2 分辨率

分辨率决定了位图图像细节的精细程度，在数字图像的显示及打印等方面，起着非常重要的作用。一般来说，可以将分辨率分为图像分辨率、屏幕分辨率和打印分辨率三种，这三种分辨率的作用分别如下。

◆ **图像分辨率**：指图像中存储的信息量，即图像中每单位长度含有的像素数目，通常以每英寸像素（ppi）来表示。图像的分辨率和尺寸一起决定文件的大小和输出质量。

◆ **屏幕分辨率**：又称显示分辨率，是指实际显示图像时显示器显示的像素数量。显示器尺寸一致的情况下，分辨率越高，图像就越清晰，通常以"水平像素数×垂直像素数"的形式显示。

◆ **打印分辨率**：又称输出分辨率，是指激光打印机（包括照排机）等输出设备产生的每英寸油墨点数（dpi）。大部分桌面激光打印机的分辨率为300～600dpi，而高档照排机能够以1200dpi或更高的分辨率进行打印。

> **注意事项**
>
> 屏幕分辨率必须小于或等于显示器分辨率，显示器分辨率描述的是显示器自身的像素点数量，是固有的、不可改变的。

1.2.3 图像格式

图像文件有多种保存格式，不同的图像格式的压缩形式不同，存储空间和图像质量也有所不同。Photoshop支持PSD、TIFF、JPEG、BMP等多种文件存储格式，其主要特点如表1-1所示。

表1-1

图像格式	主要特点	应用场合	应用指数
PSD	可以保存图像的图层、通道、路径等信息	设计修改	●●●○○
JPEG	支持多种压缩级别，色彩信息保留较好	互联网	●●●●●
TIFF	支持很多色彩系统，且独立于操作系统	印刷	●●●●○
PNG	无损压缩，体积小、支持透明箱	互联网	●●●●○
EPS	同时包含像素信息和矢量信息，是通用交换格式	印刷	●●○○○
BMP	图像信息丰富，几乎不进行压缩	单机	●●○○○
GIF	适用于多种平台，存储空间小，适用于Internet上的图片传输	互联网	●●●○○

1.2.4　图像色彩模式

颜色模式是一种记录图像颜色的方式。常见的颜色模式包括位图模式、灰度模式、双色调模式、RGB颜色模式、CMYK颜色模式、索引颜色模式、Lab颜色模式和多通道模式，其主要特点如表1-2所示。

表1-2

颜色模式	主要特点	应用指数
位图模式	使用黑色或白色两种颜色值中的一个表示图像中的像素，包含信息最少，图像也最小	●○○○○
灰度模式	使用不同级别的灰度来表现图像，色调表现力强，图像平滑细腻	●○○○○
双色调模式	通过1～4种自定油墨创建单色调、双色调（两种颜色）、三色调（三种颜色）和四色调（四种颜色）的灰度图像	●○○○○
RGB颜色模式	适用于在屏幕中显示，是主流的一种颜色模式	●●●●●
CMYK颜色模式	适用于印刷	●●●●○
索引颜色模式	常用于互联网和动画，最多256种颜色，占用空间较小	●●○○○
Lab颜色模式	包括颜色数量最广，最接近真实世界颜色	●●○○○
多通道模式	当图像中颜色运用较少时，选择该模式可以减少印刷成本并保证图像颜色的正确输出	●●○○○

1.3 Photoshop基本操作

Photoshop的基本操作包括文件的管理、图像尺寸的调整、画布尺寸的调整等。学习和掌握Photoshop的基本操作，可以帮助用户更便捷地处理图像。

1.3.1　文件管理

处理图像之前，需要先打开图像文件或新建一个文档，处理图像之后，需要对图像效果进行保存。下面将针对基本的文件操作进行介绍。

（1）新建文件

Photoshop中新建文档有多种方式。打开Photoshop，单击主页中的"新建"按钮或执行"文件 > 新建"命令，也可以按Ctrl + N组合键，都可以打开如图1-18所示的"新建文档"对话框，从中设置文档的名称、尺寸、分辨率等参数后，单击"创建"按钮即可新建文档。

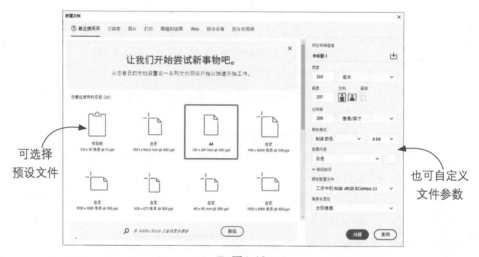

▷ **图**1-18

该对话框中部分选项作用如下。

◆ **预设详细信息**：用于设置新建文件的名称，默认为"未标题-1"。

◆ **方向**：用于设置文档为竖版或横版。

◆ **分辨率**：用于设置新建文件的分辨率大小。同样的打印尺寸下，分辨率高的图像更清楚更细腻。

◆ **颜色模式**：用于设置新建文档的颜色模式。默认为"RGB颜色模式"。

◆ **背景内容**：用于设置背景颜色。最终的文件将包含单个透明的图层。

◆ **颜色配置文件**：用于选择一些固定的颜色配置方案。

◆ **像素长宽比**：用于选择固定的文件长宽比例。

（2）打开／关闭文件

在Photoshop中，用户可以选择打开图像文件或PSD文档。单击主页中的"打开"按钮或执行"文件 > 打开"命令，也可以按Ctrl + O组合键，即可打开"打开"对话框，如图1-19所示。在该对话框中找到要打开的文件，单击"打开"按钮即可打开文件，如图1-20所示。

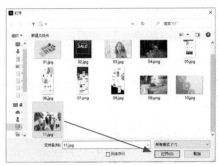

▼ 图1-19

▼ 图1-20

> **经验之谈**　在工作界面空白处双击，可快速打开"打开"对话框。

完成图像处理的操作后，可以执行"文件 > 关闭"命令或按Ctrl + W组合键，关闭当前文档。用户也可以单击文档窗口右上角的"关闭" ✕ 按钮，关闭当前文档。

若当前文件被修改过或是新建的文件，在关闭文件的时候，会弹出如图1-21所示的"Adobe Photoshop"对话框，在该对话框中单击"是"按钮，可保存对文件

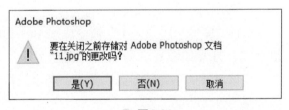

▼ 图1-21

的更改后再关闭文件；单击"否"按钮，将不保存文件的更改直接关闭文件。

若要关闭软件中的所有文件，执行"文件 > 关闭全部"命令或按Alt + Ctrl + W组合键即可。用户也可以执行"文件 > 退出"命令或单击软件窗口右上角的"关闭" ✕ 按钮，关闭所有文件并退出Photoshop。

（3）置入 / 导入文件

置入文件可将图像或其他Photoshop支持的文件作为智能对象添加至文档中。执行"文件 > 置入嵌入对象"命令，打开"置入嵌入的对象"对话框，选择要置入的素材文件，单击"置入"按钮即可将该文件置入。

用户也可以执行"文件 > 置入链接的智能对象"命令，置入链接的对象。与"置入嵌入对象"命令不同的是，该命令置入的对象在原文件中修改保存后，会同步更新至使用该对象的文档中。

导入文件可将变量数据组、视频帧到图层、注释、WIA支持等格式的文件导入文档中。操作时执行"文件＞导入"子菜单中的命令即可。

（4）存储文件

为了防止软件故障或误操作导致文件丢失，用户可以在处理图像的过程中及时保存文件。

执行"文件＞存储"命令或按Ctrl＋S组合键即可保存文件，并替换掉上一次保存的文件。若当前文件是第一次保存，将打开"另存为"对话框，在该对话框中设置参数后，单击"保存"按钮即可保存文件。

若用户既想保留修改过的文件，又想保留原文件，可以执行"文件＞存储为"命令或按Ctrl＋Shift＋S组合键，打开"另存为"对话框重新设置参数，完成后，单击"保存"按钮即可将文件另存为一个新的文件。

1.3.2 图像尺寸调整

"图像大小"命令可以调整图像的尺寸、分辨率等，使图像尺寸发生改变。

执行"图像＞图像大小"命令或按Alt＋Ctrl＋I组合键，打开如图1-22所示的"图像大小"对话框。在该对话框中设置参数后单击"确定"按钮，即可调整图像尺寸。

> ❗ 注意事项
>
> 如果将图像尺寸减小后不满意，然后再将其放大，最终得到的图像清晰度会降低。

单击，可在修改图像宽度或高度时，保持宽度和高度的比例

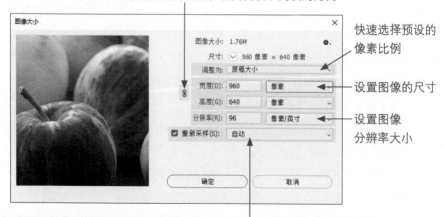

取消勾选后，在改变宽度、高度、分辨率某一项参数时，其他参数会随之而改变

▶ **图1-22**

1.3.3　画布尺寸调整

　　画布指的是绘制和编辑图像的工作区域，改变画布尺寸会改变图像周围的工作空间，而不改变文件中的图像尺寸。

　　执行"图像 > 画布大小"命令或按Alt + Ctrl + C组合键，打开如图1-23所示的"画布大小"对话框，从中设置参数，完成后单击"确定"按钮，即可修改画布尺寸。

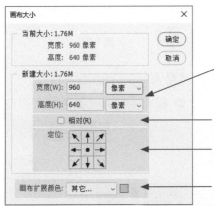

修改当前画布尺寸。当数值小于原始值，系统会剪掉超出画布的范围；反之，则扩大画布区域

勾选，宽度和高度数值则为扩大或减小的范围，而非整个画布的大小

单击箭头，可定义画布扩大或减小时变化的方向

设置画布尺寸增加部分的颜色

▼ 图1-23

上手实操：添加图像边框

▶扫一扫　看视频◀

　　通过调整画布尺寸，可以扩大或缩小画布所占据的区域。下面将以图像边框的添加为例，介绍画布尺寸的调整。

Step 01　打开Photoshop，单击主页中的"打开"按钮，打开本章素材文件"花.jpg"，如图1-24所示。

Step 02　执行"图像 > 画布大小"命令，打开"画布大小"对话框，如图1-25所示。

▼图1-24　　　　　　　　　　　　　　　　　　▼图1-25

Step 03 ▶ 勾选"相对"复选框，设置宽度和高度为150，如图1-26所示。

Step 04 ▶ 单击"画布扩展颜色"右侧的填充 ■ 按钮，打开"拾色器（画布扩展颜色）"对话框，设置颜色（＃6c573c），如图1-27所示。

▼图1-26　　　　　　　　　　　　　　　　　　▼图1-27

Step 05 ▶ 完成后，单击"确定"按钮，返回至"画布大小"对话框，单击"确定"按钮即可扩大画布尺寸，如图1-28所示。至此，完成图像边框的添加。

▼图1-28

1.3.4 自定义图像窗口

图像窗口是编辑与观察图像效果的区域，用户可以根据需要自定义图像窗口。

（1）图像显示比例的调整

用户可以自定义图像的显示比例，使其放大或缩小，以便得到更好的观察效果。执行"视图 > 放大"命令或按Ctrl + +组合键，即可放大视图显示比例；执行"视图 > 缩小"命令或按Ctrl + −组合键即可缩小视图显示比例，如图1-29、图1-30所示。

按Ctrl + 0组合键将按屏幕大小缩放视图显示比例。

▼ 图1-29 　　　　　　　　　　▼ 图1-30

> **经验之谈**　用户还可以使用工具箱中的缩放工具 🔍 对图像进行缩放。在工具箱中单击"缩放工具" 🔍 ，在图像编辑窗口中单击即可放大视图显示比例，按住Alt键单击即可缩小视图显示比例。

（2）屏幕模式的切换

Photoshop中，用户可以选择三种屏幕模式：标准屏幕模式、带有菜单栏的全屏模式和全屏模式。用户可以根据需要切换屏幕模式。

长按工具箱中的"更改屏幕模式" 🔲 按钮，即可选择合适的屏幕模式进行切换，如图1-31所示为可选择的屏幕模式。

> **❶ 注意事项**
>
> 按Esc键可退出全屏模式，返回至标注屏幕模式。

编辑状态显示的效果 → 标准屏幕模式　　　　　　　F

隐藏顶部及底部的文件信息 → 带有菜单栏的全屏模式　　　F

全屏模式 ← F ← 只显示图像文件

图1-31

（3）图像排列方式的设置

当在软件中打开多个文档时，用户可以通过"排列"命令设置文档的排列方式，以便更好地编辑与观察不同文档。

执行"窗口＞排列"命令，打开其子菜单。在该子菜单中选择一种排列方式，即可设置文档的排列。如图1-32所示为执行"三联垂直"命令的排列效果。

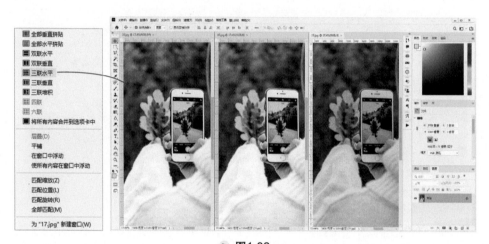

图1-32

1.4 Photoshop辅助工具

辅助工具可以帮助用户获得更佳的操作体验，使图像处理工作事半功倍。Photoshop中提供了标尺、参考线、网格、吸管工具、裁剪工具等辅助工具。

1.4.1 标尺

标尺可以帮助用户精确定位图像或元素。执行"视图＞标尺"命令或按

Ctrl + R组合键即可显示如图1-33所示的标尺。再次执行该命令即可隐藏标尺。

▼图1-33

标尺原点默认位于窗口左上角标尺的交叉点处，移动鼠标至该处，按住鼠标拖动即可重新设置标尺原点，如图1-34、图1-35所示。按住Shift键拖动可使标尺原点与标尺刻度对齐。双击窗口左上角标尺的交叉点处，可使标尺原点复位至其默认值。

▼图1-34　　　　　　　　　　　　　▼图1-35

1.4.2　网格和参考线

网格和参考线同样可以帮助用户精确地定位图像或元素。

（1）网格

执行"视图 > 显示 > 网格"命令或按Ctrl + '键即可显示网格，如图1-36、图1-37所示为网格隐藏与显示的对比效果。再次执行该命令，即可隐藏网格。

▼图1-36

▼图1-37

（2）参考线

Photoshop中的参考线可分为参考线和智能参考线两种类型。参考线可以帮助用户定位图像，智能参考线可以帮助用户对齐形状、切片和选区。

① **参考线**：按Ctrl + R组合键显示标尺，移动鼠标至标尺上，向图像编辑窗口中拖动即可创建参考线，如图1-38、图1-39所示为创建参考线的过程及效果。

▼图1-38

▼图1-39

用户也可以执行"视图 > 新建参考线"命令，打开如图1-40所示的"新建参考线"对话框。在该对话框中设置参考线的取向和位置，完成后单击"确定"按钮，创建如图1-41所示的参考线。

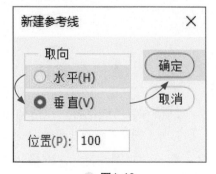

▼图1-40

执行"视图>新建参考线版面"命令，可在图像编辑窗口中按照设置的规律新建多个参考线。

若想清除参考线，选择后将其拖拽至图像编辑窗口之外即可；用户也可以执行"视图>清除参考线"命令，清除所有参考线。

② **智能参考线**：执行"视图>显示>智能参考线"命令，即可启用智能参考线。移动图像时即可通过智能参考线设置图像对齐，如图1-42所示。

▼图1-41   ▼图1-42

1.4.3 吸管工具

吸管工具可以帮助用户采集色样，设置新的前景色或背景色。单击工具箱中的"吸管工具" 🖋，在其选项栏中可以设置吸管工具的选项，如图1-43所示。

▼图1-43

吸管工具选项栏中各选项作用如下。

◆ **取样大小**：用于更改吸管的取样大小。"取样点"采集的颜色为所单击像素的精确值。"3×3平均""5×5平均""11×11平均""31×31平均""51×51平均""101×101平均"采集的颜色为所单击区域内指定数量像素的平均值。

◆ **样本**：用于确定取样图层，默认为"所有图层"。

> **！注意事项**
>
> 按住鼠标将鼠标光标移动至图像编辑窗口之外，可使用"吸管工具" 🖋 吸取图像编辑窗口外的颜色。

◆ **显示取样环**：用于确定是否显示取样环。选择该选项后，将使用可在当前前景色上预览取样颜色的圆环来圈住吸管工具。

1.4.4 裁剪工具

裁剪可以移去图像中的部分区域以强化焦点或加强构图效果，用户可以使用"裁剪工具" 裁剪图像。在Photoshop中，"裁剪工具" 是非破坏性的。如图1-44所示为"裁剪工具" 的选项栏。

▶ 图1-44

裁剪工具选项栏中各选项作用如下。

◆ **选择预设长宽比或裁剪尺寸**：用于选择裁剪框的比例或大小。

◆ **高度和宽度互换** ⇄：用于更换高度值和宽度值。

◆ **清除长宽比值**：清除设定的长宽比值。

◆ **拉直** ：用于拉直图像。选中该按钮后鼠标在图像编辑窗口变为 状，按住鼠标左键拖动绘制参考线，即可以绘制的参考线为基准旋转图像。

◆ **设置裁剪工具的叠加选项** ：用于选择裁剪时显示叠加参考线的视图。

◆ **设置其他裁切选项** ：用于指定其他裁剪选项。

◆ **删除裁剪的像素**：勾选该复选框，将删除裁剪区域外部的像素；取消勾选该复选框，将在裁剪边界外部保留像素，可用于以后的调整。

◆ **内容识别**：用于智能填充图像原始大小之外的空隙。

◆ **复位裁剪框、图像旋转以及长宽比设置** ：恢复默认设置。

◆ **取消当前裁剪操作** ：取消裁剪操作。

◆ **提交当前裁剪操作** ：应用裁剪操作。

经验之谈 裁剪工具组中的"透视裁剪工具" 可以帮助用户修正图片。打开任意图片，激活"透视裁剪工具" ，在图像上指定要裁剪的区域，按回车键即可完成透视裁剪操作。

▶扫一扫 看视频◀

上手实操：孤独的守卫者

对图像进行裁剪，可以去除图像中多余的部分，突出重点。下面就以灯塔照片的裁剪为例，介绍裁剪工具的应用。

Step 01 执行"文件＞打开"命令，打开本章素材文件"灯塔.jpg"，如图1-45所示。

Step 02 选择工具箱中的"裁剪工具" 🛠️，图像周围出现如图1-46所示的裁剪框。

▼图1-45

▼图1-46

Step 03 在选项栏中设置"选择预设长宽比或裁剪尺寸"为"比例"，并设置比例为3：2，如图1-47所示。

▼图1-47

Step 04 在图像编辑窗口中调整裁剪框大小，如图1-48所示。

Step 05 双击应用裁剪。按Ctrl＋0组合键按屏幕大小缩放视图显示比例，如图1-49所示为放大后的效果。至此，完成灯塔的裁剪。

调整裁剪范围
▼图1-48

▼图1-49

拓展练习：证件照的制作

证件照是人们日常生活中最常用到的照片类型之一，各种证件、简历、个人业务等都少不了证件照的使用。一般来说，拍摄出的图像都需要进行裁剪、调整背景，以满足证件照的需要，如图1-50、图1-51所示为调整前后效果。

▼ 图1-50　　　　　　　　　　　　▼ 图1-51

下面将介绍具体的操作步骤。

Step 01 ▶ 执行"文件 > 打开"命令，打开本章素材文件"人.jpg"，选中背景图层，按Ctrl + J组合键复制一层，如图1-52所示。

Step 02 ▶ 选中图层1，执行"选择 > 主体"命令，创建如图1-53所示的选区。

▼ 图1-52　　　　　　　　　　　　▼ 图1-53

Step 03 ▶ 按Ctrl + Shift + I组合键反选选区，如图1-54所示。

Step 04 ▶ 双击工具箱中的"设置前景色" ■ 按钮，打开"拾色器（前景色）"对话框，设置颜色为蓝色（#438edb），如图1-55所示。单击"确定"按钮，设置前景色。

▼ 图1-54

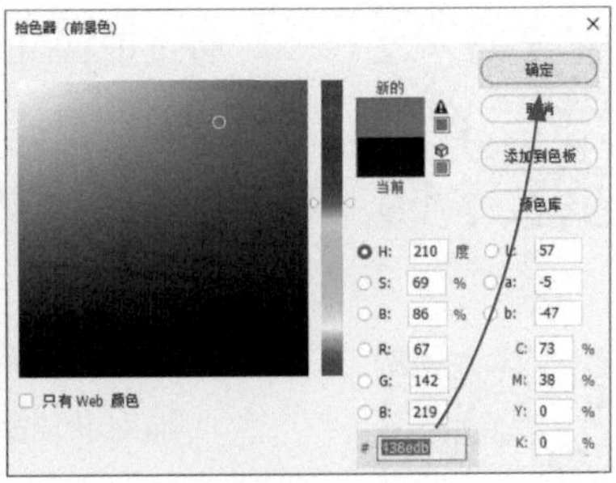

▼ 图1-55

Step 05 ▶ 按Alt + Delete组合键为选区填充前景色，按Ctrl + D组合键取消选区，如图1-56所示。

Step 06 ▶ 选择工具箱中的"裁剪工具" ⊡，在选项栏中设置"选择预设长宽比或裁剪尺寸"为"宽×高×分辨率"，并设置数值为25mm和35mm，如图1-57所示。

▼ 图1-56

▼ 图1-57

Step 07 ▶ 在图像编辑窗口中调整裁剪框大小，如图1-58所示。双击应用裁剪，即可完成证件照的制作。

▼ 图1-58

↑ 自我提升

▶扫一扫 看视频◀

▶扫一扫 看视频◀

1. 窗外的风景

通过前面知识的学习，相信大家已经掌握了置入素材图像的方法，下面请综合利用所学知识点，填充窗外的风景，制作如图1-59所示效果。

2. 裁剪图像

一幅好的照片，构图是非常重要的。下面请综合利用所学的知识点，对图像进行调整，突出主题。制作如图1-60所示效果。

▼图1-59

▼图1-60

第 2 章

重重叠叠添风采——
图层的操作

图层是 Photoshop 工作的核心，是进行图像处理的基础。在 Photoshop 中，用户可以在不同的图层中放置图像，通过合理的搭配与排版，便可以制作出丰富多彩的图像效果。

2.1 深入认识图层

图层是Photoshop中一个非常基础的概念，所有的图像操作都需要依托图层来进行。在不同的图层上放置图像，即可制作出丰富多彩的效果。本节将针对图层的作用及图层的类型进行介绍。

2.1.1 图层的作用

简单来说，Photoshop中的图层就是堆叠在一起的透明纸，透过上面图层的空白处可以看到下面图层的内容。用户在每个图层中的合适位置放置不同的图像，多个图层堆叠在一起就形成了需要的图像效果。这些图层相互独立，用户可以在某个图层中修改该图层中的内容而不影响其他图层。

> **❶ 注意事项**
>
> 图层是有顺序的，不同的堆叠顺序会产生不同的效果。

2.1.2 图层类型

Photoshop中，图层分为多种不同的类型。常见的图层类型包括普通图层、背景图层、文本图层、蒙版图层、形状图层以及调整图层等，如图2-1所示。

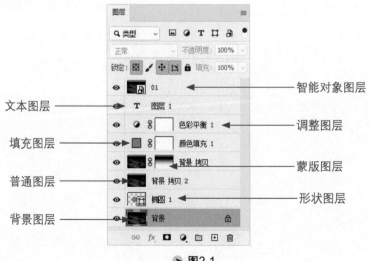

图2-1

常见图层特点如表2-1所示。

表2-1

图层类型	特点介绍
背景图层	位于"图层"面板最下方，可绘图或应用滤镜效果，但不可移动该图层位置或改变其叠放顺序，也不能更改其不透明度和混合模式。背景图层以背景色为底色，当使用橡皮擦工具擦除背景图层时会显示背景色
普通图层	Photoshop中最普通也是最常见的图层，在软件中显示为透明。该图层上可以绘制与编辑图像
文本图层	输入文字后自动生成文本图层，文本图层中的文字可进行更改
形状图层	绘制形状时自动生成形状图层，形状图层中的形状属性可在"属性"面板中进行更改
智能对象图层	该图层可以很好地保护图像对象，对图像进行非破坏性的编辑。双击"图层"面板中的智能对象图层缩览图，将单独打开该图层进行修改，保存后将会把改变显示在原始文档中
蒙版图层	控制图像的隐藏及显示，从而制作特殊的图像效果。常见的蒙版类型包括图层蒙版、矢量蒙版、剪贴蒙版以及快速蒙版4种
调整图层和填充图层	可影响该层以下图层中的色调与色彩。该图层可以对下层图层进行非破坏性的编辑

经验之谈　若想将背景图层转换为普通图层，可以在"图层"面板中双击背景图层，打开"新建图层"对话框，单击"确定"按钮或单击"图层"面板中背景图层名称右侧的锁状按钮。

上手实操：电脑桌面背景的"一键换装"

▶扫一扫　看视频◀

通过智能对象图层，可以很方便地对原始图像进行编辑操作。下面就以电脑桌面背景的替换为例，介绍智能对象图层的使用。

Step 01 ▶　打开本章素材文件"电脑桌面背景素材.psd"，如图2-2、图2-3所示。

图2-2   图2-3

Step 02 双击"矩形1"图层的图层缩略图，单独打开该图层，如图2-4 所示。

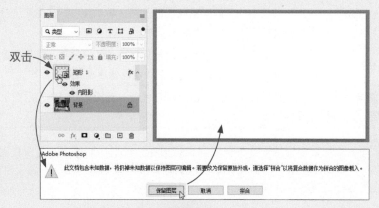

图2-4

Step 03 执行"文件 > 置入嵌入对象"命令，置入本章素材文件"替换图片.png"，调整至如图2-5所示的位置与大小。

Step 04 按Ctrl + S组合键保存文档。返回至原文档，即可观察到桌面背景的改变，如图2-6所示。至此，完成电脑桌面背景的"一键换装"。

图2-5   图2-6

2.2 图层的编辑

在Photoshop中，用户可以通过新建图层、复制图层、删除图层、显示／隐藏图层、调整图层顺序等操作编辑图层。

2.2.1 新建图层

新建Photoshop文档后，默认只有背景图层。用户可以通过"新建"命令或"创建新图层"⊞按钮新建图层。

（1）通过"新建"命令新建图层

执行"图层 > 新建 > 图层"命令，打开如图2-7所示的"新建图层"对话框。从中设置参数，完成后单击"确定"按钮即可在当前图层上方新建一个图层，新建的图层会自动成为当前图层。

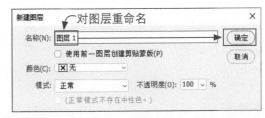

图2-7

> **经验之谈** 除了新建普通图层外，当Photoshop文档中没有背景图层时，用户还可以执行"图层 > 新建 > 背景图层"命令，将当前图层转换为背景图层。

（2）通过"创建新图层"⊞按钮新建图层

除了通过"新建"命令新建图层外，用户还可以通过"图层"面板新建图层。单击"图层"面板下方"创建新图层"⊞按钮，即可在当前图层上方新建一个图层，如图2-8所示。

图2-8

2.2.2 选择图层

若想对图层进行编辑，需先将图层选中。在"图层"面板中单击所需图层名称即可选择图层。用户也可在图像编辑窗口中右击鼠标，在弹出的快捷菜单中选择相应的图层名称进行选择，如图2-9所示。

右击，选择

❖ 图2-9

若想选择多个连续的图层，可以在选中一个图层后，按住Shift键单击要选择的最后一个图层，即可选中两个图层间的所有图层。按住Ctrl键的同时单击需要选择的图层，可以选择非连续的多个图层。

> ❶ 注意事项
>
> 按住Ctrl键单击图层名称将选择图层；单击图层缩略图，将载入该图层的选区。

> **经验之谈**
>
> 使用选择工具时，在选项栏中选择"自动选择"复选框，设置选择对象为"图层"，如图2-10所示，在图像编辑窗口中单击相应的图层内容，也可选中图层。
>
> ❖ 图2-10

2.2.3 复制图层

在图像处理中，复制图层可以有效避免误操作造成的图像效果的损失。用户可以通过多种方式复制图层。

（1）通过"图层"面板复制图层

在"图层"面板中选中要复制的图层，按住鼠标左键拖拽至"创建新图层"⊞按钮上，或按住Alt键拖动要复制的图层，即可复制所选图层。

（2）通过快捷键复制图层

选中要复制的图层，按Ctrl + J组合键即可在原地复制选中的图层；按Ctrl + C和Ctrl + V组合键同样可以复制粘贴图层，但复制的图层将偏移一定的距离。

（3）执行命令复制图层

除了以上方法外，用户还可以选中要复制的图层，执行"图层 > 复制图层"命令，打开如图2-11所示的"复制图层"对话框。在该对话框中设置参数，完成后单击"确定"按钮即可复制选中的图层。

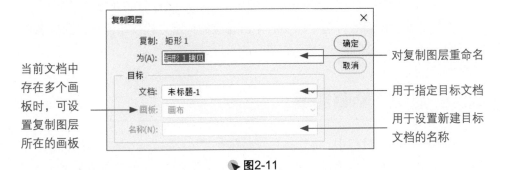

当前文档中存在多个画板时，可设置复制图层所在的画板

对复制图层重命名

用于指定目标文档

用于设置新建目标文档的名称

▼ 图2-11

2.2.4　删除图层

当文档中存在不需要的图层时，可以将其删除。选中要删除的图层，单击"图层"面板中的"删除图层"🗑 按钮或按Delete键即可。

2.2.5　锁定／解锁图层

锁定图层可以很好地保护图层，防止误操作损坏图层内容。Photoshop中包括"锁定透明像素""锁定图像像素""锁定位置""防止在画板和画框内外自动嵌套""锁定全部"5种锁定方式，如图2-12所示。

这5种锁定方式的作用分别如下。

◆ 锁定透明像素 ▨：单击该按钮后，可将编辑范围限制为图层的不透明区域，图层中的透明区域将被保护，不可编辑。

◆ 锁定图像像素 ✓：单击该按钮后，任何绘图、编辑工具和命令都不能在图层上进行操作，选择绘图工具后，鼠标指针将显示为禁止编辑形状 ⊘。

▼ 图2-12

◆ **锁定位置** ⊕ ：单击该按钮后，图层不能被移动、旋转或变换。

◆ **防止在画板和画框内外自动嵌套** ⊡ ：单击该按钮后，将锁定视图中指定的内容，以禁止在画板内部和外部自动嵌套，或指定给画板内的特定图层，以禁止这些特定图层的自动嵌套。

◆ **锁定全部** 🔒 ：单击该按钮后，锁定图层，不能对图层进行任何操作。

若想解锁锁定图层，选中图层后单击相应的锁定方式按钮或单击图层名称右侧的锁状 🔒 图标即可。

2.2.6 显示 / 隐藏图层

在处理图像的过程中，当存在过多图层时，用户可以选择将部分图层暂时隐藏，以便更好地进行操作。单击"图层"面板中要隐藏图层左侧的眼睛 👁 图标，即可隐藏该图层，如图2-13所示。再次单击，可使图层重新显示。

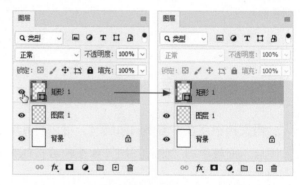

▶ 图2-13

2.2.7 调整图层顺序

在Photoshop中，图像效果受图层顺序影响。用户可以根据需要，在"图层"面板中对图层顺序进行调整。选中图层，在"图层"面板中向上或向下拖拽选中的图层，拖放至目标位置，出现双蓝线时松开鼠标，即可调整图层顺序，如图2-14所示。

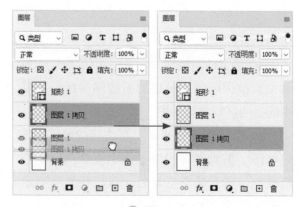

▶ 图2-14

用户也可按住按Ctrl + [组合键向下调整图层，按Ctrl +]组合键向上调整图层。

🛈 注意事项

选中图层后，按Ctrl＋Shift＋[组合键可将图层移动至最下方背景图层上方；按Ctrl＋Shift＋]组合键可将图层移动至最上方。

2.2.8 链接／取消链接图层

将图层链接在一起后，可同时对已链接的多个图层进行移动、变换等操作。选中要链接的图层，单击"图层"面板下方"链接图层" 🔗 按钮，即可链接，如图2-15所示。

若要取消图层链接，可以选中要取消链接的图层，

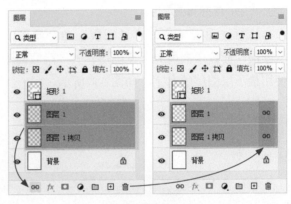

▶ 图2-15

单击"图层"面板中的"链接图层" 🔗 按钮即可。

经验之谈 除了取消链接外，用户还可以选择禁用链接，对单个图层进行操作。按住Shift键单击链接图层右侧的链接 🔗 图标，链接 🔗 图标上将显示一个红叉 ✖，即表示当前图层的链接被禁用。按住Shift键再次单击，即可重新启用链接。

2.2.9 合并图层

合并图层可以缩减文档，提高软件运行速度。当最终确定文档内容后，就可以合并图层。在Photoshop中，用户可以选择多种方式将图层合并。

（1）合并图层

选中要合并的图层，执行"图层 > 合并图层"命令或按Ctrl + E组合键即可合并图层，合并后的图层使用上层图层的名字，如图2-16所示的是图层合并操作。

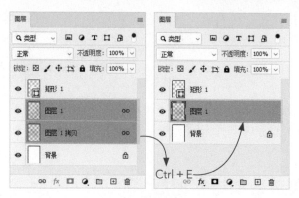

▶ 图2-16

（2）合并可见图层

执行"图层 > 合并可见图层"命令或按Ctrl + Shift + E组合键可以合并"图层"面板中的所有可见图层，其中隐藏的图层不包含在内。合并后的图层使用最下层图层的名字，如图2-17所示。

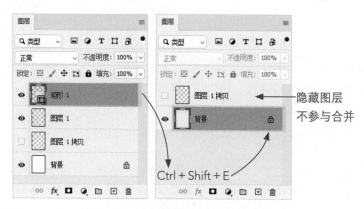

▶ 图2-17

（3）向下合并图层

选中某一图层后，执行"图层 > 向下合并"命令或按Ctrl + E组合键，即可将当前图层与下一个图层进行合并，如图2-18所示。

（4）拼合图像

执行"图层 > 拼合图像"命令将所有可见图层合

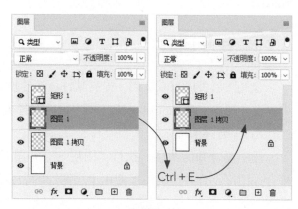

▶ 图2-18

并到背景中（隐藏图层不包含其中），并使用白色填充其余的任何透明区域。

（5）盖印图层

盖印图层可将之前对图像进行处理后的效果以图层的形式复制在一个新图层上，且保持原始图层效果不变。

按Ctrl + Shift + Alt + E组合键即可将可见图层中的内容盖印到新图层中；按Ctrl + Alt + E组合键可将选中的图层内容盖印到新图层中。

2.2.10　图层的对齐与分布

在处理图像的过程中，通过设置图层的对齐与分布，可以使图像效果更加整齐。对齐图层是指将两个或两个以上图层按一定规律进行对齐排列。选中两个及以上的图层，执行"图层 > 对齐"命令，在其子菜单中选择相应的对齐命令即可对齐选中的图层。如图2-19、图2-20所示为设置左对齐的前后对比效果。

分布图层是指将三个及以上图层按一定规律进行分布。选中三个及以上图层，执行"图层 > 分布"命令，在其子菜单中选择相应的分布命令即可分布选中的图层。如图2-21、图2-22所示为设置水平分布的前后对比效果。

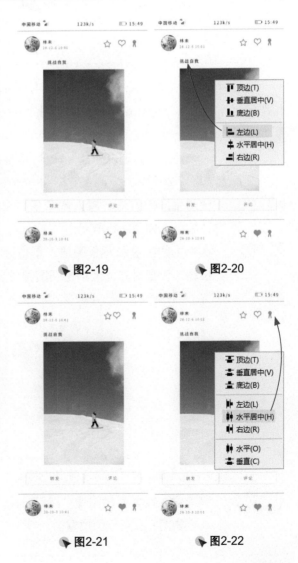

图2-19　　　　　　图2-20

图2-21　　　　　　图2-22

经验
之谈

选择多个图层，选中选择工具，在其选项栏中可通过对齐与分布按钮快速设置图层的对齐与分布，如图2-23所示。

▶图2-23

📝 上手实操：朋友圈先说 "早安"

▶扫一扫 看视频◀

通过对齐与分布图层，可以使页面布局更加有条理。下面就以手机早安宣传图的制作为例，介绍对齐与分布的使用。

Step 01 ▶ 新建一个100.1mm×166.6mm、分辨率为300的空白文档。执行"文件>置入嵌入对象"命令，置入本章素材图像"背景.png"，如图2-24所示。

Step 02 ▶ 使用相同的方法，置入本章素材图像"主图.jpg"，并调整至合适大小，如图2-25所示。

Step 03 ▶ 选中主图图层和背景图层，单击选项栏中的"水平居中对齐"♣按钮，设置对齐，上移主图图像位置，效果如图2-26所示。

置入素材，
调整大小

水平居中
后，上移

▶图2-24　　　▶图2-25　　　▶图2-26

Step 04 ▶ 继续置入本章素材图像"吊环.png"，调整大小，设置对齐，移动至如图2-27所示的位置。

Step 05 置入本章素材图像"早安.png"和"日期.png",分别设置与主图图层左对齐和右对齐,效果如图2-28所示。

Step 06 选中早安图层和日期图层,单击选项栏中的"垂直居中对齐" ┃ 按钮,设置对齐后效果如图2-29所示。

▶ 图2-27

▶ 图2-28

▶ 图2-29

Step 07 继续置入素材图像"英文.png",移动至如图2-30所示的位置,设置与背景图层对齐。

Step 08 置入素材图像"励志.png"和"引号.png",设置与背景图层水平居中对齐,如图2-31所示。

Step 09 选择励志图层和引号图层,单击选项栏中的"垂直居中对齐" ┃ 按钮,设置对齐后效果如图2-32所示。至此,完成手机早安宣传图的制作。

▶ 图2-30

▶ 图2-31

▶ 图2-32

2.2.11 图层组的创建与编辑

在处理图像的过程中，当文档存在过多图层时，可以通过创建图层组将不同的图层整理归纳，以便于后期的查找。本节将针对图层组的相关操作进行介绍。

（1）创建图层组

图层组可以将多个图层归类到一个组中，在不需要操作时可以将该组折叠起来，折叠后只在"图层"面板中占用一个图层的空间。

单击"图层"面板中的"创建新组" ▭ 按钮，即可新建图层组，如图2-33所示。新建的图层组名称左侧有一个扩展 › 按钮，单击按钮，可展开图层组，再次单击可将图层组折叠起来。默认新建的空白图层组为展开状态。

▼ 图2-33

用户也可以选中要编组的图层后，执行"图层 > 图层编组"命令或按Ctrl + G组合键创建图层组。

若要将图层添加至图层

▼ 图2-34

组中，可以选择图层并拖动至图层组名称上，待图层组名称上下出现蓝色线条时释放鼠标即可，如图2-34所示。

（2）删除图层组

不需要图层组时，可以将其删除。选中要删除的图层组，单击"删除图层" ▥ 按钮，将弹出如图2-35所示的"提示"对话框。若单击"组和内容"按钮，将删除组与组内的图层；若单击"仅组"按钮，将只删除图层组，不影响图层组中的图层。

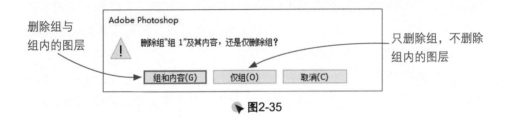

删除组与组内的图层

只删除组，不删除组内的图层

▼图2-35

（3）合并图层组

当最终确定文档内容后，可以将图层组合并，以提高软件运算速度。选中要合并的图层组，右击鼠标，在弹出的快捷菜单中执行"合并组"命令，即可将图层组中的所有图层合并为一个图层。

 ## 2.3 图层混合模式

图层混合模式可以确定图层中的图像如何与其下层图层中的图像进行混合，从而制作出特殊的融合效果。选中一个图层，在"图层"面板中的"设置图层的混合模式" <u>正常</u> 按钮上单击，即可展开如图2-36所示的混合模式列表。选择混合模式，即可对图层应用混合模式效果。

该列表中的图层混合模式作用分别如下。

① **正常**：Photoshop中默认的混合模式。选择该模式，图层叠加无特殊效果，降低"不透明度"或"填充"数值后才可以与下层图层混合，如图2-37所示为正常显示效果。

② **溶解**：在图层完全不透

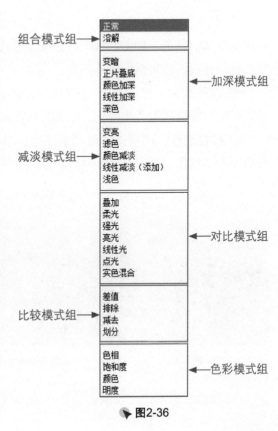

▼图2-36

明的情况下，溶解模式与正常模式所得到的效果是相同的。若降低图层的不透明度，图层像素不是逐渐透明化，而是某些像素透明，其他像素则完全不透明，从而得到如图2-38所示的颗粒化效果。

③ **变暗：** 该模式将对上下两个图层相对应像素的颜色值进行比较，取较小值得到自己各个通道的值，因此叠加后图像效果整体变暗，如图2-39所示为混合后效果。

▼图2-37　　　　　　　▼图2-38　　　　　　　▼图2-39

④ **正片叠底：** 该模式可用于添加阴影和细节，而不会完全消除下方的图层阴影区域的颜色，如图2-40所示为混合后效果。任何颜色与黑色正片叠底产生黑色；与白色正片叠底保持不变。

⑤ **颜色加深：** 该模式通过增加图像间的对比度使基色变暗以反映混合色，与白色混合后不产生变化，如图2-41所示为混合后效果。

⑥ **线性加深：** 该模式通过降低亮度使基色变暗以反映混合色，与白色混合后不产生变化，如图2-42所示为混合后效果。

▼图2-40　　　　　　　▼图2-41　　　　　　　▼图2-42

⑦ **深色：** 该模式比较混合色和基色的所有通道的数值总和，然后显示数

值较小的颜色，如图2-43所示为混合后效果。

⑧ **变亮：** 该模式与变暗模式相反，混合结果为图层中较亮的颜色，如图2-44所示为混合后效果。

⑨ **滤色：** 查看每个通道的颜色信息，并将混合色的互补色与基色复合，结果色总是较亮的颜色。用黑色过滤时颜色保持不变，用白色过滤将产生白色，如图2-45所示为混合后效果。

▶ 图2-43　　　　　　　　▶ 图2-44　　　　　　　　▶ 图2-45

⑩ **颜色减淡：** 通过减小对比度使基色变亮以反映混合色，与黑色混合时无变化，如图2-46所示为混合后效果。

⑪ **线性减淡（添加）：** 通过增强亮度使基色变亮以反映混合色，与黑色混合后不产生变化，如图2-47所示为混合后效果。

⑫ **浅色：** 比较混合色和基色的所有通道的数值总和，然后显示数值较大的颜色，如图2-48所示为混合后效果。

▶ 图2-46　　　　　　　　▶ 图2-47　　　　　　　　▶ 图2-48

⑬ **叠加：** 对颜色进行正片叠底或过滤，具体取决于基色。保留底色的高光和阴影部分，底色不被取代，而是和上方图层混合来体现原图的亮度和暗

部，图案或颜色在现有像素上叠加，同时保留基色的明暗对比，如图2-49所示为混合后效果。

⑭ **柔光：**使颜色变暗或变亮，具体取决于混合色。若混合色比50%灰色亮，则图像变亮；反之则图像变暗，如图2-50所示为混合后效果。

⑮ **强光：**对颜色进行正片叠底或过滤，具体取决于混合色。若混合色比50%灰色亮，则图像变亮；反之则图像变暗，如图2-51所示为混合后效果。

▼图2-49　　　　　　　▼图2-50　　　　　　　▼图2-51

⑯ **亮光：**通过增加或减小对比度来加深或减淡颜色，具体取决于混合色。若混合色比50%灰色亮，则通过减小对比度使图像变亮；反之则通过增加对比度使图像变暗，如图2-52所示为混合后效果。

⑰ **线性光：**通过减小或增加亮度来加深或减淡颜色，具体取决于混合色。若混合色比50%灰色亮，则图像增加亮度，反之图像变暗，如图2-53所示为混合后效果。

⑱ **点光：**根据混合色替换颜色。若混合色比50%灰色亮，则替换比混合色暗的像素，而不改变比混合色亮的像素；若混合色比50%灰色暗，则替换比混合色亮的像素，而比混合色暗的像素保持不变，如图2-54所示为混合后效果。

▼图2-52　　　　　　　▼图2-53　　　　　　　▼图2-54

⑲ **实色混合：**应用该模式后将使两个图层叠加后具有很强的硬性边缘，如图2-55所示为混合后效果。

⑳ **差值：**该模式的应用将使上方图层颜色与底色的亮度值互减，取值时以亮度较高的颜色减去亮度较低的颜色，如图2-56所示为混合后效果。

㉑ **排除：**该模式的应用效果与差值模式相似，但图像效果会更加柔和，如图2-57所示为混合后效果。

▶图2-55　　　　　　▶图2-56　　　　　　▶图2-57

㉒ **减去：**比较每个通道中的颜色信息，并从基色中减去混合色，如图2-58所示为混合后效果。

㉓ **划分：**比较每个通道中的颜色信息，并从基色中划分混合色，如图2-59所示为混合后效果。

㉔ **色相：**该模式的应用将采用底色的亮度、饱和度以及上方图层中图像的色相作为结果色，如图2-60所示为混合后效果。

▶图2-58　　　　　　▶图2-59　　　　　　▶图2-60

㉕ **饱和度：**用基色的明亮度和色相以及混合色的饱和度创建结果色，在饱和度为0的区域上用此模式绘画不会产生任何变化。如图2-61所示为混合后效果。

㉖ **颜色**：用基色的明亮度以及混合色的色相和饱和度创建结果色。这样可以保留图像中的灰阶，并且对于给单色图像上色和给彩色图像着色都会非常有用，如图2-62所示为混合后效果。

㉗ **明度**：用基色的色相和饱和度以及混合色的明亮度创建结果色，如图2-63所示为混合后效果。

👆图2-61　　　　　　👆图2-62　　　　　　👆图2-63

🖊 上手实操：开灯啦

▶扫一扫　看视频◀

通过图层混合模式，可以制作出许多特殊的图像效果。下面就以灯光的添加为例，介绍图层混合模式的使用。

Step 01　打开本章素材文件"灯.jpg"，如图2-64所示。按Ctrl＋J组合键复制背景图层。

Step 02　单击"图层"面板底部的"创建新图层"⊞按钮，新建如图2-65所示的图层。

👆图2-64　　　　　👆图2-65

Step 03　设置前景色为橘黄色（#cf8e1d），选择"画笔工具"🖌，在选项栏中设置画笔大小为50，硬度为0，不透明度为100%，如图2-66所示。

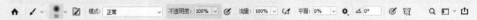

图2-66

Step 04 在灯的玻璃罩处拖拽绘制如图2-67所示的图案。在绘制的过程中可以调整画笔的不透明度，制作出渐变的效果。

图2-67

图2-68

Step 05 选中图层2，设置其混合模式为"颜色减淡"，如图2-68所示。

Step 06 双击图层2，打开"图层样式"对话框，取消勾选"透明形状图层"复选框，如图2-69所示。

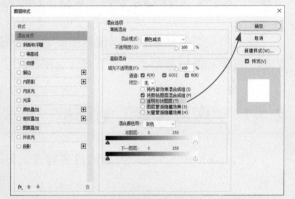

图2-69

Step 07 完成后单击"确定"按钮，效果如图2-70所示。

Step 08 再次新建图层，设置画笔工具不透明度为60%，

图2-70

图2-71

使用画笔工具绘制如图2-71所示的图案。

Step 09 使用相同的方法，设置图层3混合模式及图层样式，完成后效果如图2-72所示。

Step 10　选中图层3，使用"画笔工具" 在灯罩底座上拖拽，效果如图2-73所示。至此，完成灯光效果的制作。

图2-72

图2-73

 # 2.4 图层样式的添加

通过添加图层样式，可以快速便捷地改变图像外观，为图像添加投影、内阴影、斜面和浮雕等效果。本节将针对图层样式进行介绍。

2.4.1 "图层样式"对话框

在Photoshop中，用户可以通过多种方式打开"图层样式"对话框，如下所示：

- 在"图层"面板中双击需要添加图层样式的图层名称空白处；
- 单击"图层"面板中的"添加图层样式" *fx.* 按钮，在弹出的快捷菜单中选择相应的样式；
- 在"图层"面板中双击需要添加图层样式的图层缩略图；
- 在"图层"面板中选中要添加图层样式的图层，右击鼠标，在弹出的快捷菜单中执行"混合选项"命令。

通过这些方式，均可以打开如图2-74所示的"图层样式"对话框。

选中"图层样式"对话框中的选项卡，并设置参数，即可为图层添加图层样式效果。

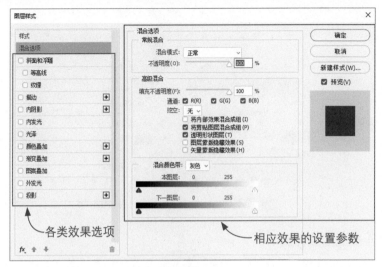

图2-74

2.4.2　图层样式的编辑

添加图层样式后，可以对图层样式进行隐藏、复制、删除等操作。

（1）拷贝图层样式

拷贝图层样式可以为多个图层添加相同的图层样式，从而提高工作效率。

选中已添加图层样式的图层，执行"图层 > 图层样式 > 拷贝图层样式"命令，即可复制该图层样式，然后选中需要粘贴图层样式的图层，执行"图层 > 图层样式 > 粘贴图层样式"命令即可完成复制。

用户也可以在"图层"面板选中已添加图层样式的图层，右击鼠标，在弹出的快捷菜单中执行"拷贝图层样式"命令，再选中要粘贴图层样式的图层，右击鼠标，在弹出的快捷菜单中执行"粘贴图层样式"命令即可。

（2）隐藏图层样式

处理图像时，用户可以选择性地隐藏图层样式，以免图像中的效果太过复杂，影响画面。

若要隐藏所有的图层样式，可以选中任意图层，执行"图层 > 图层样式 > 隐藏所有效果"命令，即可隐藏该文档中所有图层的图层样式，如图2-75所示。

若要隐藏单个图层的部分图层样式，可以在"图层"面板中单击"效果"左侧的眼睛图标，将其隐藏，如图2-76所示隐藏了"斜面与浮雕"效果。

隐藏图层所有效果

隐藏单个效果

▶图2-75　　　　　▶图2-76

（3）删除图层样式

处理图像的过程中，用户可以删除多余的图层样式，提高软件运算效率。删除图层样式有以下两种方式。

① **删除图层中运用的所有图层样式：**在"图层"面板中右击鼠标，在弹出的快捷菜单中执行"清除图层样式"命令或将图层效果图标拖拽至

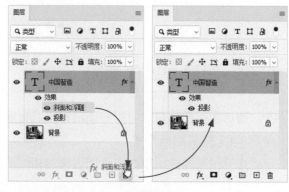

▶图2-77

"删除图层"🗑 按钮上，即可删除当前图层中的所有图层样式。

② **删除图层中运用的部分图层样式：**选中要删除的一种图层样式，将其拖拽至"删除图层"🗑 按钮上，即可删除该图层样式，而不影响其他图层样式，如图2-77所示。

🖊 上手实操：创意照片墙

▶扫一扫　看视频

通过图层样式，可以为图像添加投影、发光等效果，使图像更加真实。下面就以创意照片墙的制作为例，介绍图层样式的使用。

Step 01 ▶ 打开本章素材文件"墙面.jpg",如图2-78所示。

Step 02 ▶ 选择工具箱中的"矩形工具"□,在图像编辑窗口中拖拽绘制矩形,在"属性"面板中设置其圆角为0,效果如图2-79所示。

绘制圆角矩形

🔸 图2-78　　　　　🔸 图2-79

Step 03 ▶ 使用相同的方法,继续绘制矩形,重复多次,效果如图2-80所示。

Step 04 ▶ 选中所有的矩形图层,右击鼠标,在弹出的快捷菜单中执行"栅格化图层"命令,将图层栅格化,如图2-81所示。

Step 05 ▶ 选中所有矩形图层,按Ctrl＋J组合键复制,按Ctrl＋G组合键编组,隐藏如图2-82所示的图层组。

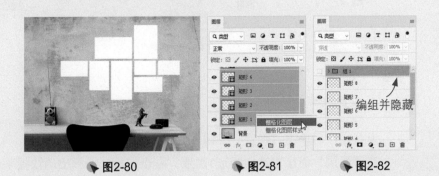

🔸 图2-80　　　　　🔸 图2-81　　　　　🔸 图2-82

Step 06 ▶ 选中矩形1图层,在其名称空白处双击,打开"图层样式"对话框,选择"斜面与浮雕"选项卡,设置如图2-83所示的参数,制作出立体感效果。

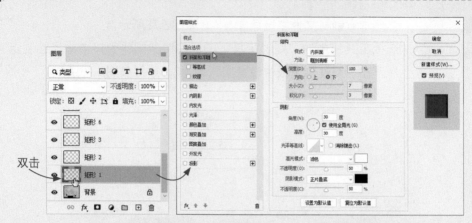

图2-83

Step 07 选择"描边"选项卡，设置如图2-84所示的参数，添加宽5像素、颜色为黑色、向内扩展的描边。

Step 08 选择"投影"选项卡，设置如图2-85所示的参数，增加阴影效果，使相框更加真实。

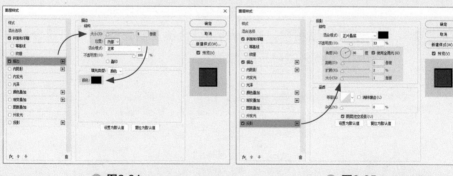

图2-84   图2-85

Step 09 设置完成后单击"确定"按钮，效果如图2-86、图2-87所示。

Step 10 在"图层"面板中选中矩形1图层，右击鼠标，在弹出的快捷菜单中执行"拷贝图层样式"命令，选择矩形2~8图层，右击鼠标，在弹出的快捷菜单中执行"粘贴图层样式"命令，复制图层样式效果，如图2-88、图2-89所示。

Step 11 显示图层组，选择矩形1拷贝图层，在"属性"面板中设置其宽（W）和高（H）各缩小8mm，在图像编辑窗口中调整其与矩形1

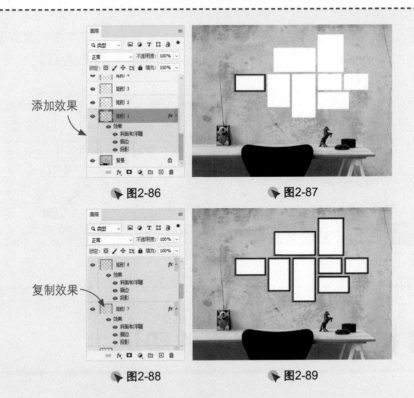

添加效果

图2-86　图2-87

复制效果

图2-88　图2-89

图层内容中心对齐，如图2-90所示。

Step 12 使用相同的方法，调整其他拷贝图层，完成后效果如图2-91所示。

图2-90　图2-91

Step 13 选中图层组，执行"文件 > 置入嵌入对象"命令，置入本章素材文件"风景.jpg"，调整至如图2-92所示的大小。

Step 14 ● 移动鼠标至风景图层和图层组中间，按住Alt键单击创建剪贴蒙版，效果如图2-93所示。至此，完成创意照片墙的制作。

● 图2-92　　　　　　　　　　　● 图2-93

● 拓展练习：时光的印记

图层的操作并不是孤立存在的，在处理图像的过程中，往往会综合使用多种图层的操作，以达到需要的效果。下面就通过制作旧照片的效果，来介绍图层的应用。前后对比效果如图2-94、图2-95所示。

● 图2-94　　　　　　　　　　　● 图2-95

Step 01 ● 打开本章素材文件"长城.png"，如图2-96所示。

Step 02 ● 执行"文件>置入嵌入对象"命令，置入本章素材文件"手.png"，调整至如图2-97所示的大小与位置。

图2-96

图2-97

Step 03 ▶ 选中图层1，根据手的位置，使用工具箱中的"矩形选框" ⬚，在图像编辑窗口中绘制如图2-98所示的矩形选框。按Ctrl + J组合键复制选区内容，如图2-99所示。

图2-98

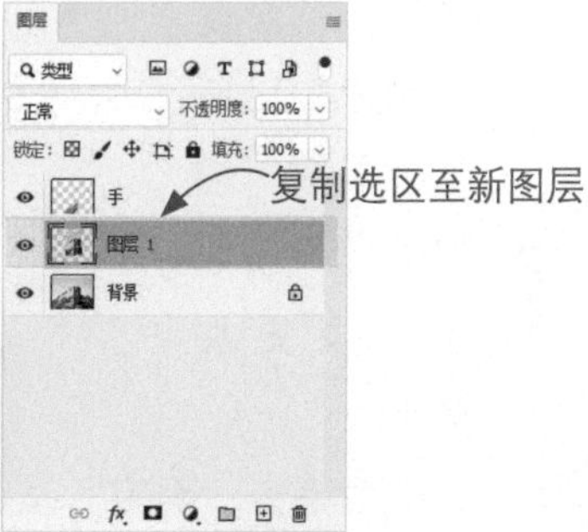

图2-99

复制选区至新图层

Step 04 ▶ 选中复制的图层，执行"图像 > 调整 > 去色"命令，去除图像颜色，如图2-100所示。

Step 05 ▶ 选中复制图层，按Ctrl + T组合键自由变换对象，右击鼠标，在弹出的快捷菜单中执行"变形"命令，对图像进行如图2-101所示的变形处理。双击应用变换。

图2-100

图2-101

Step 06 在"图层"面板中双击图层2空白处，打开"图层样式"对话框，选择"描边"选项卡，设置如图2-102所示的参数，添加照片描边。

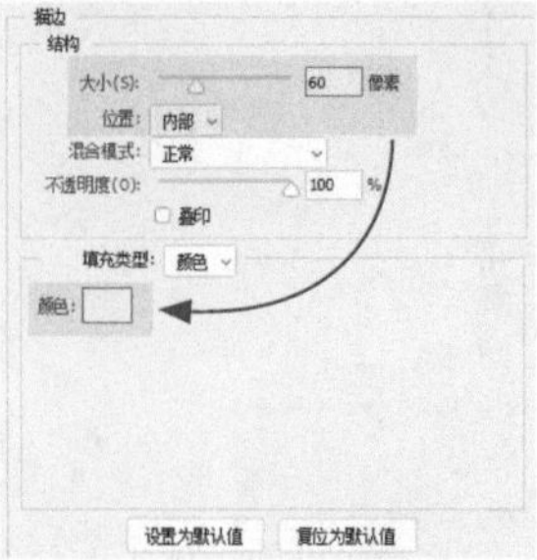

▶图2-102 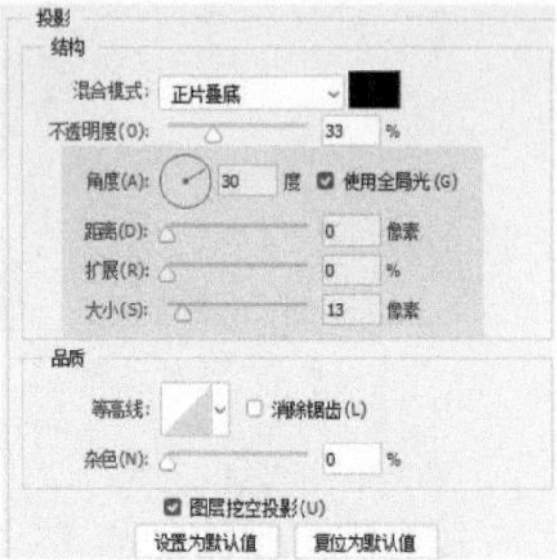   ▶图2-103

Step 07 选择"投影"选项卡，设置如图2-103所示的参数，增加阴影，使照片效果更加真实。

▶图2-104    ▶图2-105

Step 08 完成后单击"确定"按钮，效果如图2-104、图2-105所示。

Step 09 按住Ctrl键单击图层1缩略图，创建如图2-106所示的选区。

Step 10 选中手图层，右击鼠标，在弹出的快捷菜单中执行"栅格化图层"命令，将图层栅格化。使用"多边形套索工具"去除多余选区，如图2-107所示。按Delete键删除选区内容，按Ctrl＋D组合键取消选区。

▶图2-106

▶图2-107

Step 11　选中图层1，单击"图层"面板底部的"创建新的填充或调整图层" 🌑 按钮，在弹出的菜单栏中执行"照片滤镜"命令，创建"照片滤镜"调整图层，如图2-108所示。

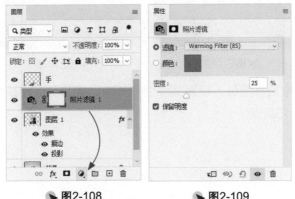

　　　🔻图2-108　　　　　　　🔻图2-109

Step 12　选中调整图层，在"属性"面板中选择如图2-109所示的滤镜，添加橘黄色照片滤镜。

Step 13　移动鼠标至调整图层和图层1中间，按住Alt键单击创建剪贴蒙版，效果如图2-110、图2-111所示。

按【Alt】键

　　　🔻图2-110　　　　　　　🔻图2-111

Step 14　选中图层1，执行"文件 > 置入嵌入对象"命令，置入本章素材文件"划痕.jpg"，调整至如图2-112所示的大小。

Step 15　移动鼠标至划痕图层和图层1中间，按住Alt键单击创建剪贴蒙版，效果如图2-113所示。

▼图2-112   ▼图2-113

Step 16 ▶ 选中划痕图层，设置其混合模式为"叠加"，效果如图2-114、图 2-115所示。

▼图2-114   ▼图2-115

Step 17 ▶ 单击"图层"面板底部的"创建新图层" ▭ 按钮，新建图层，并调整新建图层位于手图层下方，使用"画笔工具" ✐ 在手指与照片接触的部位绘制如图2-116所示的阴影。

Step 18 ▶ 选中绘制的阴影图层，在"图层"面板中设置其不透明度为"50%"，降低其不透明度，效果如图2-117所示。至此，完成旧照片的制作。

▼图2-116   ▼图2-117

↑ 自我提升

▶扫一扫　看视频◀

1. 闪烁的霓虹灯

"图层样式"效果可以配合图层制作出非常丰富的效果，下面请综合图层样式效果和图层的相关知识点，制作如图2-118所示霓虹灯文字效果。

▶图2-118

▶扫一扫　看视频◀

2. 素描图像

通过使用混合模式效果，可以对图像进行处理，从而制作出不同的艺术效果。下面请综合运用前文学习的知识，制作如图2-119所示的人像素描效果。

▶图2-119

第 3 章

神笔马良著丹青——
图形的绘制

    绘图工具是使用 Photoshop 处理图像的重要工具之一。使用绘图工具处理图像，可以使图像效果更加丰富，日常所见的各种搞怪图像即是使用绘图工具得到的。Photoshop 中的绘图工具包括画笔工具组、形状工具组等，本章将对此部分知识进行介绍。

3.1 画笔工具组

画笔工具组是处理图像的好帮手。通过画笔工具组，用户既可以绘制图像，也可以将其当作处理图像时的辅助工具，制作出特殊的效果。下面将针对画笔工具组中的工具进行介绍。

3.1.1 画笔工具

"画笔工具" ✎是Photoshop中应用比较广泛的工具，通过画笔工具可以绘制出多种图形。如图3-1所示为画笔工具选项栏。

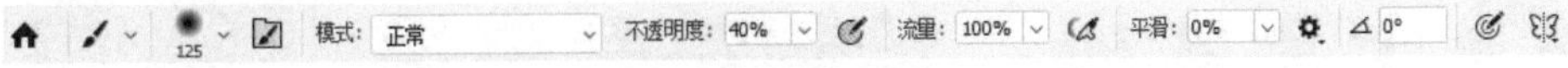

🏠 ✎ ⚫ ∨ ☑ 模式：正常 ∨ 不透明度：40% ∨ ⊘ 流量：100% ∨ ⊘ 平滑：0% ∨ ⚙ △0° ⊘ 🗔

▶图3-1

该选项栏中部分常用选项作用如下。

① **"画笔预设"选取器** ⚫：用于选择画笔笔刷，设置画笔的大小和硬度，如图3-2所示。

② **切换"画笔设置"面板** ☑：单击该按钮，将打开如图3-3所示的"画笔设置"面板，从中可以对画笔的数量、形态等进行设置。

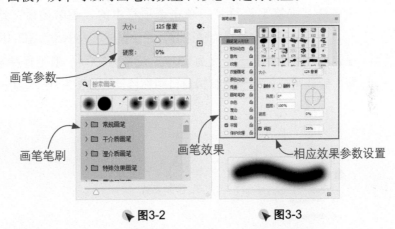

▶图3-2　　　　　▶图3-3

③ **模式：**用于设置绘画颜色与下面现有像素的混合模式。

④ **不透明度：**用于设置绘画颜色的不透明度。数值越小，透明度越高。

⑤ **流量：**用于设置使用画笔绘图时所绘颜色的深浅。若设置的流量较小，则其绘制效果如同降低透明度一样，但经过反复涂抹，颜色就会逐渐饱和。

⑥ **启用喷枪样式的建立效果** ：启用该按钮，可将画笔转换为喷枪工作状态，在图像编辑窗口中按住鼠标左键不放，将持续绘制笔迹；若停用该按钮，在图像编辑窗口中按住鼠标左键不放，将只有一个笔迹。

⑦ **设置绘画的对称选项** ：单击该按钮，在弹出的快捷菜单中可选择多种对称类型，如垂直、水平、双轴、对角、波纹、圆形、螺旋线等，以绘制对称图案。

> **经验之谈** 使用画笔工具绘制图像时，在英文状态下，按[键可缩小画笔，按]键可扩大画笔。

▶扫一扫 看视频◀

上手实操：绘制符号表情

通过画笔工具，可以绘制多种造型。下面就以符号表情的绘制为例，介绍画笔工具的使用。

Step 01 ▶ 新建一个400×300（像素）、分辨率为300的空白文档。单击工具箱中的"画笔工具" ✏，单击选项栏中的"画笔预设"选取器 ，设置画笔笔尖形状为硬边圆，并设置画笔大小，如图3-4所示。

Step 02 ▶ 在选项栏中设置不透明度为100%，流量为100%，其他保持默认设置。新建图层，在图像编辑窗口中拖拽绘制如图3-5所示的直线。

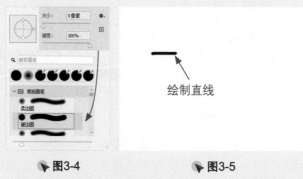

绘制直线

🔖图3-4　　　　　🔖图3-5

Step 03 ▶ 使用相同的方法，继续绘制如图3-6所示的线条。

Step 04 ▶ 新建图层，调整图层2顺序置于图层1下方。设置前景色为粉色

（#f8c7d4），按]键调整画笔大小，绘制腮红及对话框区域，调整图层1和图层2图像位置，效果如图3-7所示。至此，完成符号表情的绘制。用户还可以使用相同的方法，绘制其他符号表情。

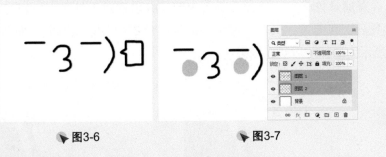

图3-6 　　　　　　　　　　 图3-7

3.1.2 铅笔工具

"铅笔工具" 🖉 与 "画笔工具" 🖌 在功能及运用上较为类似，不同的是，铅笔工具绘制图像的边缘较硬，锯齿效果比较明显。如图3-8所示为铅笔工具选项栏。

图3-8

铅笔工具选项栏中的选项基本与画笔工具一致，仅多了一个"自动抹除"的选项。选择该选项后，若光标所在的图像位置是前景色，则绘制颜色为背景色；若光标所在的图像位置非前景色，则绘制颜色为前景色，如图3-9、图3-10所示。

图3-9

图3-10

3.1.3 颜色替换工具

"颜色替换工具" ![icon] 可以在保留图像原有材质的纹理与明暗的情况下，使用前景色替换图像中的色彩，使图像发生变化。

设置前景色颜色，选择工具箱中的"颜色替换工具" ![icon]，在选项栏中设置参数后，在图像编辑窗口中需要替换颜色的位置涂抹即可，如图3-11、图3-12所示为涂抹前后对比效果。

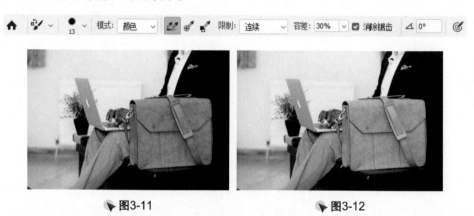

▼图3-11　　　　　　　　　　　▼图3-12

3.1.4 混合器画笔工具

"混合器画笔工具" ![icon] 可以模拟真实的绘画技术，制作出画笔混合的效果。如图3-13所示为混合器画笔工具选项栏。

▼图3-13

该选项栏中部分常用选项作用如下。

① **潮湿：**用于控制画笔从画布拾取的油彩量，较高的设置会产生较长的绘画条痕。

② **载入：**指定储槽中载入的油彩量，载入速度较低时，绘画描边干燥的速度会更快。

③ **混合：**控制画布油彩量同储槽油彩量的比例。比例为 100% 时，所有油彩将从画布中拾取；比例为 0 时，所有油彩都来自储槽。

④ **对所有图层取样：**拾取所有可见图层中的画布颜色。

3.2 形状工具组

　　形状工具组中包括多组形状工具，通过这些工具，可以创建出多种简单或复杂的形状。与之前版本相比，Photoshop 2022中减少了圆角矩形工具，增加了三角形工具，如图3-14所示为展开的形状工具组。本节将针对形状工具组中的工具进行介绍。

☐ 矩形工具	U
○ 椭圆工具	U
△ 三角形工具	U
⬡ 多边形工具	U
╱ 直线工具	U
✿ 自定形状工具	U

▶图3-14

3.2.1 矩形工具

　　Photoshop 2022中将圆角矩形工具合并到了矩形工具中，单击工具箱中的"矩形工具"☐，在其选项栏中可以设置矩形的填充、描边、圆角等参数，如图3-15所示为"矩形工具"☐选项栏。

▶图3-15

该选项栏中部分常用选项作用如下。

　　① **模式：** 用于设置矩形工具的模式，包括形状、路径和像素，默认为形状。

　　② **填充：** 用于设置填充矩形的颜色。

　　③ **描边：** 用于设置矩形描边的颜色、宽度和类型。

　　④ **W／H：** 用于设置矩形的宽度和高度。

　　⑤ **路径操作** ☐：用于设置形状彼此交互的方式。

　　⑥ **路径对齐方式** ⊨：用于设置形状的对齐与分布，展开后如图3-16所示。

　　⑦ **路径排列方式** ⚐：用于设置形状的堆叠顺序。

　　⑧ **设置其他形状和路径选项** ⚙：单击该按钮，在弹出的面板中可以设置路径在屏幕上显示的宽度和颜色等属性以及约束选项，展开后如图3-17所示。

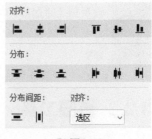

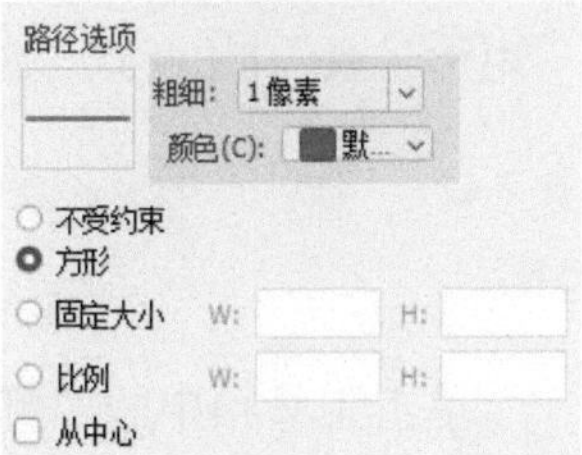

▶图3-16

▶图3-17

⑨ **设置圆角的半径** $\curvearrowright$：用于设置圆角矩形的圆角半径。

设置完成矩形工具参数后，在图像编辑窗口中按住鼠标左键进行拖拽即可绘制如图3-18、图3-19所示的矩形。

> ❗**注意事项**
>
> 只有使用"路径选择工具" ▶ 选中同一形状图层中的多个形状时，才可激活路径对齐方式中的对齐与分布按钮。

▼ 图3-18

▼ 图3-19

使用矩形工具绘制形状时，若想绘制正方形，按住Shift键拖拽鼠标即可；若想从鼠标单击点为中心绘制矩形，按住Alt键拖拽鼠标即可。

经验之谈

用户也可以选择"矩形工具" □ 后，在图像编辑窗口中合适位置单击，打开如图3-20所示的"创建矩形"对话框进行设置。完成后单击"确定"按钮，即可按照设置创建矩形。

设置矩形尺寸

设置圆角尺寸

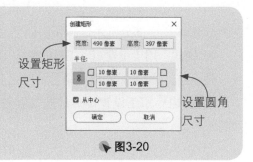

▼ 图3-20

3.2.2 椭圆工具

"椭圆工具" ◯ 主要用于绘制椭圆形和圆形。该工具使用方法基本与"矩形工具" ▦ 一致。如图3-21所示为椭圆工具选项栏。

▼ 图3-21

单击工具箱中的"椭圆工具" ◯，在选项栏中设置参数，完成后在图像编辑窗口中按住鼠标左键拖拽即可绘制如图3-22所示的椭圆形；按住Shift键可绘制如图3-23所示的正圆。

▶图3-22   ▶图3-23

3.2.3 三角形工具

"三角形工具" △ 是新增的一种形状工具，用户可以使用该工具绘制等腰或等边三角形。

单击工具箱中的"三角形工具" △，在选项栏中设置参数完成后在图像编辑窗口中按住鼠标左键拖拽即可绘制如图3-24所示的等腰三角形。按住Shift键可绘制如图3-25所示的等边三角形。

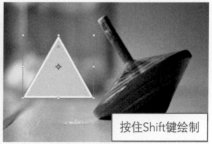

▶图3-24   ▶图3-25

> **经验之谈** 用户也可通过"多边形工具" ⬡ 绘制三角形。

绘制三角形后，在选择形状工具的情况下，用户可使用鼠标选中三角形内部的控制点拖拽制作如图3-26、图3-27所示的圆角效果。

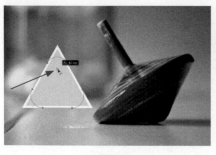

图3-26　　　　　　　　　　　　　　　图3-27

3.2.4　多边形工具

　　"多边形工具" ⬡ 可绘制多边形和星形。如图3-28所示为多边形工具选项栏。用户可以在其选项栏中设置多边形的填充、描边、边数等参数。

图3-28

　　选择工具箱中的"多边形工具" ⬡，在选项栏中设置边数后单击"设置其他形状和路径选项" ⚙ 按钮，展开如图3-29所示的"路径选项"面板。

图3-29

　　该面板中部分选项作用如下。

　　① **对称：**选择该选项后可使多边形保持对称。

　　② **星形比例：**用于设置星形比例的百分比，数值越低，星形特征越明显。如图3-30、图3-31所示分别为星形比例为20%和80%时的效果。

星形比例：20%
☑ 平滑星形缩进

星形比例：80%
☑ 平滑星形缩进

图3-30   图3-31

③ **平滑星形缩进：**选中该复选框可在缩进星形边的同时使边缘圆滑。星形比例为100%时该复选框不可用。

④ **从中心：**选中该复选框将从中心绘制多边形。

3.2.5 直线工具

"直线工具" ╱ 主要用于绘制直线段和箭头。如图3-32所示为直线工具选项栏。

╱ 形状 ∨ 填充：■ 描边：╱ 10 像素 ∨ ── ∨ W：0 像素 ◎◎ H：0 像素 □ ▣ ▣ ✿ 粗细：10 像素 ☑ 对齐边缘

图3-32

选择该工具后，默认绘制的是直线，若想绘制箭头，可以单击选项栏中的"设置其他形状和路径选项" ✿ 按钮，在弹出如图3-33所示的面板中设置箭头参数。

该面板中部分选项作用如下。

① **起点：**勾选该复选框，可在直线起点创建箭头。

② **终点：**勾选该复选框，可在直线终点创建箭头。

③ **宽度：**用于设置箭头宽度和绘制直线宽度的比例。

④ **长度：**用于设置箭头长度和绘制直线长度的比例。

⑤ **凹度：**用于设置箭头的凹陷程度。

路径选项
粗细：1 像素
颜色(C)：默

☑ 实时形状控件

箭头
☑ 起点   □ 终点
宽度：20 像素
长度：10 像素
凹度：-50%

图3-33

经验之谈	用户可以通过"描边"宽度和"粗细"参数设置直线宽度，要注意的是，设置"描边"宽度时，需要在"描边"选项中设置对齐为居中或外部。

3.2.6 自定形状工具

"自定形状工具" 可用于绘制多种造型的形状，用户也可以将路径或形状存储为自定形状。

单击工具箱中的"自定形状工具"，在选项栏中单击"形状"下拉列表，在弹出的"自定形状"拾色器中选择如图3-34所示的形状。在图像编辑窗口中拖拽即可绘制如图3-35所示的形状。

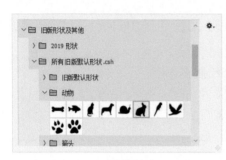

▶ 图3-34

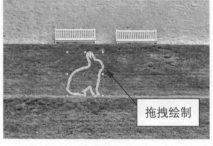

拖拽绘制

▶ 图3-35

选中路径或形状，执行"编辑 > 定义自定形状"命令，在打开的"形状名称"对话框中设置名称后单击"确定"按钮，即可存储自定形状。

上手实操：绘制卡通 微波炉

▶扫一扫 看视频

通过形状工具组中的形状工具，可以制作出多种多样的造型效果。下面就以卡通微波炉的绘制为例，介绍形状工具的应用。

Step 01 ▶ 新建一个600×400（像素）、分辨率为300的空白文档。设置前景色为浅橙色（# fff8e6），按Alt + Delete组合键为背景填充前景色，填充后效果如图3-36所示。

Step 02 单击工具箱中的"矩形工具"□，在选项栏中设置填充为蓝色（#51a9d2），描边为黑色，宽度为3像素，圆角半径为40像素，在图像编辑窗口中拖拽绘制如图3-37所示的矩形。

▶ 图3-36

Step 03 新建图层，单击工具箱中的"直线工具"╱，在选项栏中设置填充为黑色，描边为无，粗细为3像素，在图像编辑窗口中合适位置按住Shift键绘制如图3-38所示的直线段。

▶ 图3-37

Step 04 新建图层，单击工具箱中的"椭圆工具"○，在选项栏中设置填充为橘色（#ff892f），描边为黑色，宽度为3像素，在图像编辑窗口中按住Shift键拖拽绘制如图3-39所示的正圆。

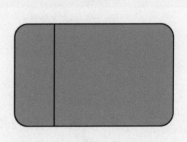

▶ 图3-38

Step 05 新建图层，使用"直线工具"╱绘制粗细为3像素，填充为黑色的直线，如图3-40所示。

Step 06 新建图层，继续使用"直线工具"╱绘制如图3-41所示的直线段。

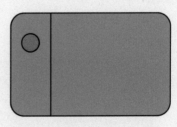

▶ 图3-39

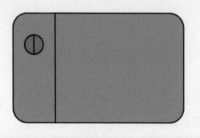

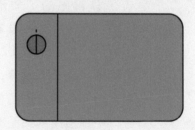

❦图3-40 　　　　　　　　　　　❦图3-41

Step 07 ❯ 单击选项栏中的"路径操作" ⬚ 按钮，选择"合并形状"选项，如图3-42所示。

Step 08 ❯ 继续绘制如图3-43所示的直线段。

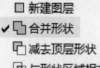

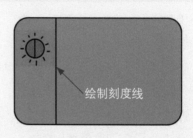

绘制刻度线

❦图3-42 　　　　　　　　　　　❦图3-43

Step 09 ❯ 选中椭圆1、直线2和直线3图层，按住Alt键拖拽复制，复制后效果如图3-44所示。

Step 10 ❯ 选中直线2拷贝图层，按Ctrl＋T组合键自由变换，旋转如图3-45所示的角度。

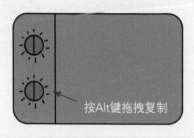

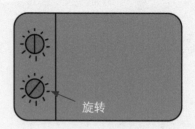

按Alt键拖拽复制 　　　　　　　　旋转

❦图3-44 　　　　　　　　　　　❦图3-45

Step 11 在"图层"面板最上方新建图层，单击工具箱中的"椭圆工具"○，在选项栏中设置填充为深蓝色（# 0f6e9a），描边为黑色，宽度为3像素，在图像编辑窗口中拖拽绘制如图3-46所示的椭圆。

Step 12 选中新绘制的椭圆，按Ctrl＋J组合键复制，按Ctrl＋T组合键自由变换，缩放其大小，在"属性"面板中设置其填充为白色，效果如图3-47所示。

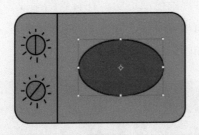

▼图3-46

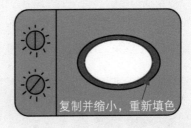

复制并缩小，重新填色

▼图3-47

Step 13 新建图层，使用"直线工具"╱绘制如图3-48所示的3条直线段。

Step 14 选中背景图层，新建图层，单击工具箱中的"椭圆工具"○，在选项栏中设置填充为黑色，描边为无，在图像编辑窗口中拖拽绘制椭圆，重复操作，如图3-49所示。至此，完成卡通微波炉的绘制。

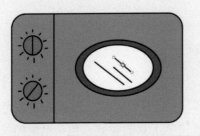

▼图3-48

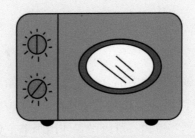

▼图3-49

3.3 橡皮擦工具组

橡皮擦工具组中包括"橡皮擦工具" 💣 、"背景橡皮擦工具" 💣 和"魔术橡皮擦工具" 💣 3种工具，通过这些工具可以擦除图像部分内容，从而修饰图像。

3.3.1 橡皮擦工具

"橡皮擦工具" 💣 可将像素更改为背景色或透明。在背景图层或锁定透明度的图层中进行擦除时，擦除的区域将变为如图3-50所示的背景色；若在普通图层中进行擦除，则擦除的区域变为如图3-51所示透明。

图3-50

图3-51

选择"橡皮擦工具" 💣 后，可在选项栏中对其参数进行设置，如图3-52所示为橡皮擦工具选项栏。

图3-52

该选项栏中部分常用选项作用如下。

① **模式**：包括"画笔""铅笔"和"块"3个选项。若选择"画笔"或"铅笔"模式，可以设置使用画笔工具或铅笔工具的参数，包括笔刷样式、大小等；若选择"块"模式，橡皮擦工具将使用方块笔刷。

② **不透明度**：若不想完全擦除图像，降低不透明度即可。

③ **流量**：用于设置橡皮擦工具的流量。

④ **抹到历史记录**：在擦除图像时，可以使图像恢复到任意一个历史状

态。该方法常用于恢复图像的局部到前一个状态。

3.3.2　背景橡皮擦工具

"背景橡皮擦工具" ✎ 可以擦除图像中指定颜色的像素，使其变为透明。如图3-53所示为背景橡皮擦工具选项栏。

📍图3-53

该选项栏中部分常用选项作用如下。

① **限制**：用于设置擦除背景的限制类型。"连续"只擦除与取样颜色连续的区域；"不连续"擦除容差范围内所有与取样颜色相同或相似的区域；"查找边缘"选项擦除与取样颜色连续的区域，同时能够较好地保留颜色反差较大的边缘。

② **容差**：用于设置被擦除的图像颜色与取样颜色之间差异的大小，取值范围为0～100%。数值越小被擦除的图像颜色与取样颜色越接近，擦除的范围越小；数值越大，则擦除的范围越大。

③ **保护前景色**：勾选该选项，可避免擦除与前景色颜色相同的区域。

单击工具箱中的"背景橡皮擦工具" ✎，设置前景色与背景色分别为保留部分与擦除部分的颜色，在选项栏中设置参数，在要擦除的区域单击鼠标并涂抹，即可按照设置擦除图像，如图3-54、图3-55所示为擦除前后对比效果。

> **❶ 注意事项**
>
> 在使用"背景橡皮擦工具" ✎ 的过程中，用户可随时修改前景色与背景色颜色以达到更好的擦除效果。

📍图3-54

📍图3-55

3.3.3 魔术橡皮擦工具

"魔术橡皮擦工具"  可擦除图像或选区中颜色相同或相近的区域，使擦除部分的图像呈透明效果。如图3-56所示为魔术橡皮擦工具选项栏。

▶ 图3-56

该选项栏中部分常用选项作用如下。

① **消除锯齿**：勾选该复选框，可平滑被擦除区域的边缘。

② **连续**：勾选该复选框，仅擦除与单击处相接的像素；若取消勾选该复选框，将擦除图像中所有与单击处相似的像素。

③ **对所有图层取样**：勾选该复选框，可扩展擦除工具范围至所有可见图层。

选择工具箱中的"魔术橡皮擦工具" ，在要擦除的区域单击即可擦除图像，如图3-57、图3-58所示为擦除前后对比效果。

▶ 图3-57　　　　　　　　　　　　▶ 图3-58

📌 上手实操："精挑细选"的沙发

▶扫一扫　看视频◀

用户在使用橡皮擦工具组中的工具时，可以综合使用多个工具，使擦除效果更佳。下面将以沙发素材的抠取为例，介绍橡皮擦工具组工具的应用。

Step 01 ▶ 打开本章素材文件"沙发.jpg"，按Ctrl + J组合键复制，如图3-59所示。隐藏背景图层。

Step 02 ▶ 单击工具箱中的"背景橡皮擦工具" ，设置前景色为沙发边缘颜色，在选项栏中选择"保护前景色"复选框，设置容差为30%，沿沙发边缘拖拽，擦除如图3-60所示的背景颜色区域。

▶图3-59

擦除颜色反差较大区域

▶图3-60

Step 03 ▶ 使用相同的方法，继续擦除如图3-61所示的沙发底部边缘背景区域。

Step 04 ▶ 单击工具箱中的"魔术橡皮擦工具" ，在选项栏中设置容差为30，在图像编辑窗口上方颜色处单击，擦除如图3-62所示的大面积颜色。

▶图3-61

擦除大面积相似颜色区域

▶图3-62

Step 05 ▶ 单击工具箱中的"橡皮擦工具" ，保持默认设置，在图像编辑窗口中涂抹，擦除如图3-63所示的底部地板区域。至此，完成沙发素材的抠取。

▶图3-63

拓展练习：手机壁纸的制作

手机壁纸是我们几乎每天都会看到的界面，那么，如何拥有一个专属于自己的壁纸呢？

首先，需要准备一张喜欢的图片，然后通过绘图工具结合图像绘制图形，丰富画面效果，再添加一些点缀，就可以得到一个专属壁纸，制作效果如图3-64所示。

Step 01 ▶ 新建一个1080×1920（像素）、分辨率为300的空白文档。新建图层，设置前景色为棕色（#c19e74），按Alt＋Delete组合键为新建图层填充如图3-65所示的前景色。

Step 02 ▶ 选择工具箱中的"直线工具" /，在选项栏中设置填充为白色，描边为无，粗细为3像素，按住Shift键在图像编辑窗口中拖拽创建如图3-66所示的直线。

▶ 图3-64

Step 03 ▶ 选中创建的直线，按Ctrl＋J组合键复制，移动至如图3-67所示的位置。

▶ 图3-65

▶ 图3-66

复制直线

▶ 图3-67

Step 04 使用相同的方法继续复制并移动直线，重复多次后效果如图3-68所示。

Step 05 选中所有直线，按Ctrl + E组合键合并，按Ctrl + J组合键复制，按Ctrl + T组合键自由变换，移动至如图3-69所示的位置。

Step 06 继续按Ctrl + J组合键复制直线，并调整位置，制作出如图3-70所示的网格效果。

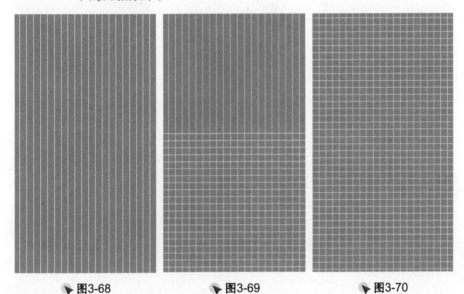

▶图3-68　　　　　　　▶图3-69　　　　　　　▶图3-70

Step 07 选中直线图层，按Ctrl + E组合键合并。在"图层"面板中设置其不透明度为15%，效果如图3-71所示。

Step 08 执行"文件 > 置入嵌入对象"命令，置入本章素材文件"宠物.jpg"，调整至如图3-72所示的大小。选中"宠物"图层，在"图层"面板中右击鼠标，在弹出的快捷菜单中执行"栅格化图层"命令，将图层栅格化。

Step 09 单击工具箱中的"魔术橡皮擦工具" ，在选项栏中设置容差为8，在图像编辑窗口中宠物背景处单击，去除背景颜色，效果如图3-73所示。

Step 10 在"图层"面板中双击宠物图层空白处，打开"图层样式"对话框，设置"描边"参数和"投影"参数，如图3-74、图3-75所示。

置入，并栅格化图层

擦除图像背景

◀ 图3-71　　　　　　◀ 图3-72　　　　　　◀ 图3-73

◀ 图3-74　　　　　　　　◀ 图3-75

Step 11 ▶ 完成后单击"确定"按钮，效果如图3-76所示。

Step 12 ▶ 移动宠物至如图3-77所示的位置。

Step 13 ▶ 新建图层，单击工具箱中的"自定形状工具" ⚙，在选项栏中设置填充为白色，描边为橙色（＃ffc000），宽度为3像素，单击"形状"下拉列表，在弹出的"自定形状"拾色器中选择如图3-78所示的形状。

Step 14 ▶ 按住Shift键在图像编辑窗口中拖拽绘制如图3-79所示的形状。

Step 15 ▶ 新建图层，设置填充为灰色（＃e5e5e5），描边为黑色，宽度为3像素，在"自定形状"拾色器中选择如图3-80所示的形状。

Step 16 ▶ 按住Shift键在图像编辑窗口中拖拽绘制如图3-81所示的形状。

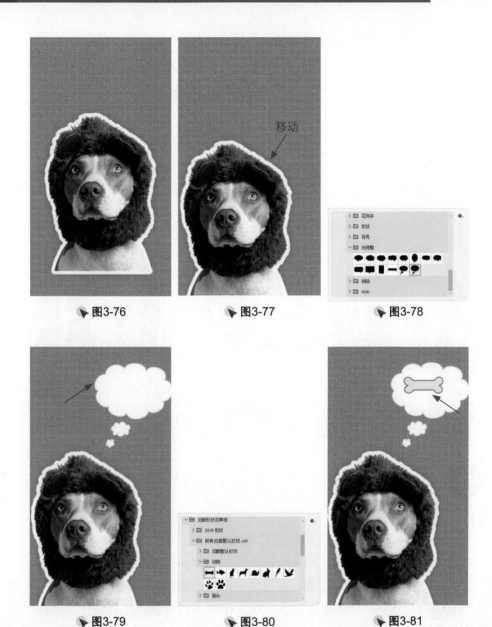

图3-76　　　　图3-77　　　　图3-78

图3-79　　　　图3-80　　　　图3-81

Step 17 新建图层，单击"画笔工具" ，设置前景色为灰色（＃
d1d1d1），笔刷为硬边圆，大小为30，不透明度和流量均为
100%，按住Ctrl键单击骨头图层缩略图，创建选区，在选区中涂
抹，效果如图3-82所示。

Step 18 选中骨头与绘制的图层，按Ctrl＋J组合键复制，按Ctrl＋T自由变

换，旋转角度，并调整图层顺序，如图3-83所示。

Step 19 使用"横排文字工具"输入文字，添加文字信息，如图3-84所示。至此，完成手机壁纸的制作。

图3-82　　　　　　　图3-83　　　　　　　图3-84

↑ 自我提升

1. 雨天的灯塔

▶扫一扫　看视频◀

呼风唤雨是中国古代神话中神仙的必备技能。对我们而言，在现实中呼风唤雨是不可能了，但在图像中还是可以实现的。下面请结合画笔工具操作，制作如图3-85所示下雨的效果。

▼图3-85

2. 水果店购物海报

▶扫一扫　看视频◀

　　绘图工具不仅可以结合图像使用，还可以在网页中进行装饰。下面请结合绘图工具的相关知识点，制作水果店购物海报，步骤如图3-86～图3-89所示。

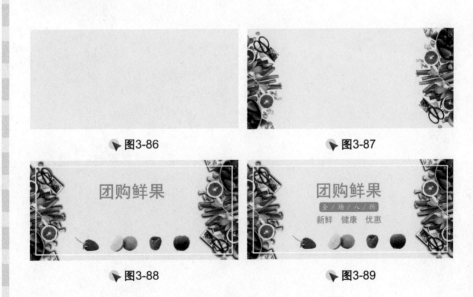

▼图3-86　　　　　　　　　　　　　　　　　▼图3-87

▼图3-88　　　　　　　　　　　　　　　　　▼图3-89

第 4 章

去芜存菁显佳容——
图像的修饰

当拍摄的图像中存在瑕疵时，我们可以在 Photoshop 中通过工具进行修复，使修复后的部分可以自然地融入周围的图像中，形成浑然一体的效果。Photoshop 中包括多种修饰工具，无论是去除水印，还是制作效果，通通都不在话下，本章将对此部分内容进行详细的介绍。

4.1 修复工具组

修复工具组中包括多种修复工具，通过这些工具，可以修复图像中的瑕疵，使图像更加完整、自然。

4.1.1 污点修复画笔工具

"污点修复画笔工具" 🖌 可以"移去"图像中的标记和污渍，使用时仅需在需要修复的位置单击即可。如图4-1、图4-2所示为修复前后对比效果。

▼图4-1

▼图4-2

在选项栏中，可以对该工具的参数进行设置。选择"污点修复画笔工具" 🖌，切换至该工具的选项栏，如图4-3所示。

▼图4-3

该选项栏中主要选项作用介绍如下。

① **类型：**用于设置修复类型，包括"内容识别""创建纹理""近似匹配"三种。"内容识别"将比较附近的图像内容，不留痕迹地填充选区，同时保留让图像栩栩如生的关键细节，如阴影和对象边缘；"创建纹理"将使用选区中的所有像素创建一个用于修复该区域的纹理；"近似匹配"将使用选区边缘周围的像素来对选定区域进行修补。

② **对所有图层取样：**勾选该复选框，可扩展取样范围至图像中所有可见图层。

扫一扫 看视频

上手实操：隐形匿踪

通过"污点修复画笔工具" ，可以快速修复图像，去除图像中的污点。下面就以雪地上脚印的去除为例，介绍"污点修复画笔工具"的使用。

Step 01 打开本章素材文件"雪地.jpg"，如图4-4所示。按Ctrl + J组合键复制一层。

Step 02 按Ctrl + L组合键打开"色阶"对话框，设置如图4-5所示的参数。完成后单击"确定"按钮，提亮图像。

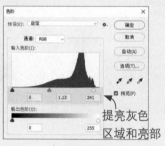

提亮灰色
区域和亮部

▶图4-4　　　　　　　　▶图4-5

Step 03 单击工具箱中的"污点修复画笔工具"，在选项栏中设置如图4-6所示的参数。

设置硬度为50%，使边缘效果更加自然

▶图4-6

Step 04 移动鼠标至脚印处，拖拽涂抹，如图4-7所示。

Step 05 释放鼠标后效果如图4-8所示。

拖拽涂抹

▶图4-7

▶图4-8

Step 06　继续在脚印处涂抹，去除脚印效果，如图4-9所示。至此，完成雪地脚印的去除。

▶图4-9

4.1.2 修复画笔工具

"修复画笔工具" 与"污点修复画笔工具" 类似，但"修复画笔工具" 需要先进行取样，再用取样点的样本图像来修复图像。使用"修复画笔工具" 可将样本像素的纹理、光照、透明度和阴影与所修复的像素进行匹配，从而使修复后的像素与周围更好地融合。如图4-10所示为修复画笔工具选项栏。

▶图4-10

该选项栏中部分常用选项作用如下：

① **源**：用于指定修复像素的源。"取样"表示"修复画笔工具"对图像进行修复时以图像区域中某处颜色作为基点；"图案"可在其右侧的列表中选择已有的图案用于修复。

② **对齐**：勾选该复选框，将连续对像素进行取样，若取消勾选该复选框，则会在每次停止并重新开始绘制时使用初始取样点中的样本像素。

③ **样本：**用于从指定的图层中进行数据取样。

④ **扩散：**用于控制复制的区域以怎样的速度适应周围的图像。

单击工具箱中的"修复画笔工具" ✐ 按钮，按Alt键在源区域单击，对源区域进行取样，然后在目标区域单击并拖动鼠标，即可将取样的内容复制到目标区域中，如图4-11、图4-12所示复制前后对比效果。

复制取样内容

▶ **图**4-11   ▶ **图**4-12

4.1.3　修补工具

"修补工具" ⚙ 与"修复画笔工具" ✐ 类似，是使用其他区域或图案中的像素来修复选中的区域。"修补工具" ⚙ 会将样本像素的纹理、光照、透明度和阴影与所修复的像素进行匹配。如图4-13所示为修补工具选项栏。

▶ **图**4-13

该选项栏中部分常用选项作用如下。

① **结构：**用于设置修补时应达到的近似程度，取值范围为1～7。数值越高，边缘融合越低，修补内容越接近现有图像的图案。

② **颜色：**用于设置修补内容应用算法颜色混合程度，取值范围为0～10。数值越高，混合程度越高。

③ **对所有图层取样：**勾选该复选框，可扩展取样范围至图像中所有可见图层。

单击工具箱中的"修补工具" ⚙ ，在需要修补的地方拖动鼠标绘制选区，然后拖动选区至要复制的区域，即可修补原来选中的内容，如图4-14、图4-15所示修补前后对比效果。

绘制选区

▼图4-14

▼图4-15

4.1.4 内容感知移动工具

　　"内容感知移动工具" ✖ 可以选择和移动图片的一部分，并自动填充移走后的空洞区域。如图4-16所示为内容感知移动工具选项栏。

🏠　✖ ∨　▣ 🗇 🗇 🗇　模式：移动 ∨　结构：4 ∨　颜色：0 ∨　☐ 对所有图层取样　☑ 投影时变换

▼图4-16

　　该选项栏中部分常用选项作用如下。

　　① **模式：**用于设置使用工具的模式，包括"移动"和"扩展"两种。其中"移动"模式可将选定的对象置于不同的位置，在背景相似时最为有效；"扩展"模式可扩展或收缩对象。

　　② **结构：**用于设置修补时应达到的近似程度，取值范围为1～7。数值越高，边缘融合越低，修补内容越接近现有图像的图案。

创建选区

▼图4-17

　　③ **颜色：**用于设置修补内容应用算法颜色混合程度，取值范围为0～10。数值越高，混合程度越高。

　　④ **投影时变换：**选择该选项，可以移动后的部分进行缩放。

　　单击工具箱中的"内容感知移动工具" ✖，在需要移动的地方拖动鼠标绘制选区，然后拖动选区至想要放置的位置，即可移动选中的内容，如图4-17、图4-18所示移动前后比对效果。

▼图4-18

4.1.5 红眼工具

使用闪光灯或在光线昏暗处拍摄人物时，常常会出现人物眼睛泛红的现象，即红眼现象。用户可以通过Photoshop中的"红眼工具" ⁺⊙ 去除图像中人物眼睛中的红点，使眼睛正常显示。

单击工具箱中的"红眼工具" ⁺⊙，在选项栏中设置参数，设置瞳孔大小，设置变暗程度，数值越大颜色越暗，在图像中红眼位置单击即可，如图4-19、图4-20所示为去除红眼前后对比效果。

▶图4-19

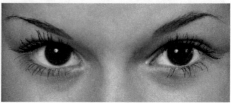
▶图4-20

 # 4.2 图章工具组

图章工具组中包括"仿制图章工具" ♣ 和"图案图章工具" ✱♣ 两种工具，通过这两种工具可以复制和修复图像的内容。本小节将对这两种工具进行介绍。

4.2.1 仿制图章工具

"仿制图章工具" ♣ 可以将取样图像应用至其他图像或同一图像的其他位置。在使用时，需要先从图像中取样。如图4-21所示为仿制图章工具选项栏。

▶图4-21

该选项栏中部分常用选项作用如下。

① **对齐**：选择该复选框后，可以连续对像素进行取样，即使松开鼠标按钮，也不会丢失当前取样点；若取消选择，则会在每次停止并重新开始绘制时使用初始取样点中的样本像素。

② **样本：** 用于选择指定的图层进行数据取样。

单击工具箱中的"仿制图章工具" ，保持默认设置，按住Alt键在图像中单击取样，释放Alt键后在需要修复的图像区域单击即可仿制图像，如图4-22、图4-23所示为仿制前后对比效果。

▶图4-22

▶图4-23

上手实操：消灭缝隙

▶扫一扫 看视频◀

通过"仿制图章工具"，可以快速地复制图像内容，修复图像。下面就以缝隙的去除为例，介绍"仿制图章工具"的使用。

Step 01 打开本章素材文件"缝隙.jpg"，如图4-24所示。按Ctrl+J组合键复制一层。

▶图4-24

Step 02 在选项栏中选择"柔边圆"画笔，设置大小为30，模式为正常，不透明度和流量为100%，选择"对齐"复选框。按住Alt键在图像中进行取样，取样点如图4-25所示。

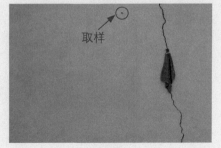
取样
▶图4-25

Step 03 ▶ 移动鼠标至与取样点同一高度的缝隙处，按住鼠标拖拽涂抹，如图4-26所示。

Step 04 ▶ 沿缝隙涂抹完成后效果如图4-27所示。至此，完成缝隙的去除。

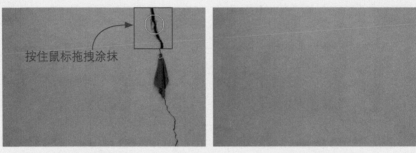

按住鼠标拖拽涂抹

❯图4-26 ❯图4-27

4.2.2 图案图章工具

"图案图章工具" ⁂ 可以将预设的图案或自定义图案复制，应用至图像中，制作特殊效果。如图4-28所示为图案图章工具选项栏。

❯图4-28

单击工具箱中的"图案图章工具" ⁂，在选项栏中单击"图案"拾色器 ▦ 按钮，在弹出的"图案"拾色器中选择图案后，在图像编辑窗口中拖动，即可使用定义的图案覆盖当前区域的图像，如图4-29、图4-30所示为图案复制前后对比效果。

❯图4-29 ❯图4-30

在Photoshop中，用户可以根据自己的需要创建图案。选择"矩形选框工具"，在选项栏中设置羽化值为0，在图像编辑窗口中拖拽鼠标选取如图4-31所示的图像区域。执行"编辑 > 定义图案"命令，打开如图4-32所示的"图案名称"对话框，在该对话框中设置名称并保存，即可定义图案。

创建选区

经验
之谈

▼ 图4-31

▼ 图4-32

4.3 历史记录画笔工具组

历史记录画笔工具组中包括"历史记录画笔工具" 🖌 和"历史记录艺术画笔工具" 🖌 两种工具。通过这两种工具，可以使图像呈现特殊的效果。

4.3.1 历史记录画笔工具

"历史记录画笔工具" 🖌 搭配"历史记录"面板，可以还原图像效果，使图像恢复至某个历史记录下的状态。执行"窗口 > 历史记录"命令，打开如图4-33所示的"历史记录"面板。

▼ 图4-33

单击工具箱中的"历史记录画笔工具" 🖌，在选项栏中设置参数，完成后在"历史记录"面板中标记要恢复的步骤，如图4-34所示标记 "打开"步骤。按住鼠标在图像中需要恢复的位置处拖动，鼠标经过的位置即会恢复为标记步骤中的状态，而图像中未被修改过的区域将保持不变，如图4-35所示，对鸟的身体部分进行操作后，其恢复为原始状态。

标记步骤

▶图4-34　　　　　　　　　　　　▶图4-35

🖊 上手实操：绚丽星空

▶扫一扫　看视频◀

"历史记录画笔工具" 🖌 可以使图像的某个区域恢复至记录的状态，制作出特殊的图像效果。下面将以星轨图的制作为例，介绍"历史记录画笔工具" 🖌 的使用。

Step 01 ▶ 打开本章素材文件"星空.jpg"，如图4-36所示。按Ctrl + J组合键复制一层。

Step 02 ▶ 按Ctrl + T组合键自由变换复制的图层，调整其中心点至如图4-37所示的位置。

按Ctrl + J组合键复制　　　　　移动中心点

▶图4-36　　　　　　　　　　　　▶图4-37

Step 03 ▶ 在选项栏中设置缩放值为99.5%，旋转值为0.2，如图4-38所示。

🏠 ⚙ ☑ ▦ X: 268.12像素 △ Y: 218.56像素 W: 99.50% ∞ H: 99.50% ⧗ 0.20 度 H: 0.00 度 V: 0.00 度 插值: 两次立方 ∨ 🐷 ⊘ ✓

▶图4-38

Step 04 ▸ 按Enter键确认变换。选择变换后的图层，在"图层"面板中设置混合模式为"变亮"，效果如图4-39所示。按Ctrl + Alt + Shift + T组合键重复操作，如图4-40所示。

▶ 图4-39　　　　　　　　　　　　▶ 图4-40

Step 05 ▸ 重复多次后效果如图4-41所示。

Step 06 ▸ 选中背景图层以外的其他图层，按Ctrl + E组合键合并。单击工具箱中的"历史记录画笔工具" ✒，标记"打开"步骤，如图4-42所示。

▶ 图4-41

❗ 注意事项

在使用"历史记录画笔工具" ✒ 的过程中，用户可以根据需要，及时调整画笔大小和不透明度，以得到更好的效果。

Step 07 ▸ 在选项栏中设置画笔为"柔边圆"，调整合适大小，设置模式为正常，不透明度为50%，流量为100%，在树丛位置涂抹，使其恢复打开时的状态，如图4-43所示。至此，完成星轨图的制作。

▶ 图4-42

涂抹恢复原始状态

▶ 图4-43

4.3.2 历史记录艺术画笔工具

"历史记录艺术画笔工具"  恢复图像时，可以产生一定的艺术笔触效果。用户可以通过设置不同的参数，用不同的艺术风格模拟绘制的纹理，制作出具有艺术气息的绘画图像。如图4-44所示为历史记录艺术画笔工具选项栏。

图4-44

该选项栏中部分常用选项作用如下。

① **模式：**用于设置混合模式。

② **样式：**用于设置绘画描边的形状。

③ **区域：**用于设置绘画描边所覆盖的区域范围。数值越高，覆盖的区域越大，描边越多。

④ **容差：**用于设置应用绘画描边的范围。数值越低，描边限制越低。

单击工具箱中的"历史记录艺术画笔工具" ，在"历史记录"面板中标记如图4-45所示的步骤。在图像中单击并拖动绘制，效果如图4-46所示。

图4-45

图4-46

4.4 修饰工具

修饰工具可以对图像的细节进行调整，其中，模糊工具组中的工具可以调整图像的清晰度，减淡工具组中的工具可以调整图像的色调和颜色。下面将对此进行介绍。

4.4.1　模糊工具

"模糊工具" 可以降低图像相邻像素之间的对比度，使图像区域变得柔和，从而产生模糊效果。如图4-47所示为模糊工具选项栏。

▼图4-47

该选项栏中部分常用选项作用如下。

① **"画笔预设"选取器** ：用于设置涂抹画笔的样式、强度等参数。

② **强度：**用于设置模糊的强度，数值越大，模糊效果越明显。

单击工具箱中的"模糊工具" ，在选项栏中设置参数，按住鼠标左键在图像要模糊的位置拖动鼠标，即可创建模糊效果，如图4-48、图4-49所示为模糊前后对比效果。

▼图4-48　　　　　　　　　　　　　　▼图4-49

4.4.2　锐化工具

"锐化工具" 的作用与"模糊工具" 相反，该工具可以增加图像中像素边缘的对比度和相邻像素间的反差，提高图像清晰度或聚焦程度，从而使图像清晰。如图4-50所示为锐化工具选项栏。

▼图4-50

锐化工具选项栏基本与模糊工具选项栏一致，仅多一个"保护细节"的复选框，选择该复选框，将对图像的细节进行保护。

单击工具箱中的"锐化工具"△，在选项栏中设置参数，按住鼠标左键在图像要锐化的位置拖动鼠标，即可锐化图像，如图4-51、图4-52所示为锐化前后对比效果。

图4-51　　　　　　　　　　　　　　　图4-52

4.4.3 涂抹工具

"涂抹工具" 🖐 可以模拟出手指在图像上涂抹绘制的效果，制作手绘的质感。在使用时，该工具将提取单击处的颜色，并与鼠标拖动经过的颜色相融合挤压，制作出模糊的效果。如图4-53所示为涂抹工具选项栏。

图4-53

若选择该选项栏中的"手指绘画"复选框，拖动鼠标时，将使用前景色与图像中的颜色相融合。

单击工具箱中的"涂抹工具" 🖐，在选项栏中设置参数，按住鼠标左键在图像合适位置拖动鼠标，即可使图像产生涂抹的效果，如图4-54、图4-55所示涂抹前后对比效果。

图4-54　　　　　　　　　　　　　　　图4-55

⚠ **注意事项**

在索引颜色或位图模式的图像上不能使用涂抹工具。

4.4.4　减淡工具

"减淡工具" 🔍 可以提高图像部分区域的曝光度，使图像更加明亮。如图4-56所示为减淡工具选项栏。

▶ 图4-56

该选项栏中部分常用选项作用如下。

① **范围：**用于设置要减淡的色调范围，包括高光、中间调和阴影三种。

② **曝光度：**用于设置减淡的强度，数值越大，减淡效果越明显。

③ **保护色调：**选择该复选框后，可以保护图像的色调不受减淡的影响。

单击工具箱中的"减淡工具" 🔍，在选项栏中设置参数，按住鼠标左键在图像区域中拖拽鼠标，即可使涂抹区域变明亮，如图4-57、图4-58所示为减淡前后对比效果。

▶ 图4-57

▶ 图4-58

4.4.5　加深工具

"加深工具" 🖐 的作用与"减淡工具" 🔍 相反，该工具可以降低图像部分区域的曝光度，使图像变暗。如图4-59所示为加深工具选项栏。

图4-59

单击工具箱中的"加深工具" ，在选项栏中设置参数，按住鼠标左键在图像区域中拖拽鼠标，即可使涂抹区域变暗，如图4-60、图4-61所示为加深前后对比效果。

图4-60   图4-61

4.4.6 海绵工具

"海绵工具" 可以改变图像的饱和度。用户可以通过在选项栏中设置"模式"选项来确定是增加饱和度还是减少饱和度。如图4-62所示为海绵工具选项栏。

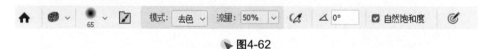

图4-62

该选项栏中部分常用选项作用如下。

① **模式：** 用于设置增加还是减少饱和度，包括去色和加色两个选项。

② **流量：** 用于设置饱和度变化速率。

③ **自然饱和度：** 选择该复选框，可以在增加图像饱和度时避免颜色过度饱和出现溢色现象。

单击工具箱中的"海绵工具" ，在选项栏中设置模式为"去色"，按住鼠标左键在图像区域中拖拽鼠标，即可减少涂抹区域饱和度，如图4-63、图4-64所示去色前后对比效果。

▶图4-63

▶图4-64

▶扫一扫　看视频◀

上手实操：脚下的风景

提到乡间小路，你是否会想起悠闲的午后时光呢？怎样使暗淡的照片给人带来明亮的心理暗示。修饰工具组中的工具可以对图像的清晰度、颜色等进行调整，修饰图像细节。下面就以风景照片的调整为例，介绍修饰工具的使用。

Step 01 打开本章素材文件"风景.jpg"，如图4-65所示。按Ctrl＋J组合键复制一层。

Step 02 单击工具箱中的"减淡工具" ，在选项栏中选择"柔边圆"画笔，设置画笔大小为600，范围为"高光"，曝光度为20%，在图像中的花丛及天空处涂抹，提亮图像，如图4-66所示为提亮后效果。

▶图4-65

Step 03 选择范围为"阴影"，在较暗处拖拽，提亮暗部，如图4-67所示为提亮暗部后效果。

▶图4-66

Step 04 单击工具箱中的"海绵工具" ，在选项栏中选择"柔边圆"画笔，设置画笔大小为600，模式为"加色"，流量为20%，在图像上拖拽，增加饱和度，如图4-68所示为饱和度增加后效果。

图4-67 图4-68

Step 05 单击工具箱中的"模糊工具" ，在选项栏中选择"柔边圆"画笔，设置画笔大小200，模式为"正常"，强度为20%，在图像上较远处拖拽，制作远景模糊的效果，如图4-69所示为模糊后效果。

Step 06 单击工具箱中的"减淡工具" ，在选项栏中选择"柔边圆"画笔，设置画笔大小为2000，范围为"中间调"，曝光度为20%，在图像上单击，提亮图像，如图4-70所示中间调提亮效果。至此，完成风景照片的调整。

图4-69 图4-70

拓展练习：遇见更美的你

通过Photoshop中的多种修饰工具，可以很好地修饰图像中的瑕疵，调整整体色调，使图像更加通透自然，如图4-71、图4-72所示为调整前后对比效果。

▶图4-71

▶图4-72

Step 01 ▶ 打开本章素材文件"女孩.jpg"。按Ctrl＋J组合键复制一层。按Ctrl＋"＋"组合键放大视图显示比例。单击工具箱中的"污点修复画笔工具" ✐，在选项栏中设置画笔为"柔边圆"，大小为10，模式为"正常"，类别为"内容识别"，在人物面部单个斑点处单击，修复面部肌肤，如图4-73所示。

Step 02 ▶ 使用相同的方法，重复操作，效果如图4-74所示。

去除单个斑点
▶图4-73

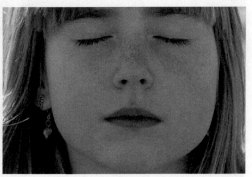
▶图4-74

Step 03 单击工具箱中的"修补工具"，在选项栏中设置修补为"正常"，单击"源"按钮，设置扩散为"5"，在图像编辑窗口中拖拽绘制如图4-75所示的选区。

Step 04 拖动选区至要复制的区域，修补选区，如图4-76所示。

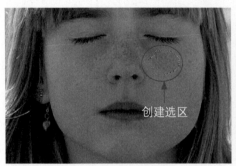

创建选区

▶图4-75

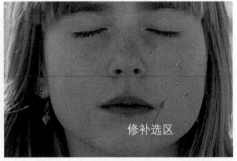

修补选区

▶图4-76

Step 05 使用相同的方法，去除面部大块雀斑，如图4-77所示为去除后效果。

Step 06 再次使用"污点修复画笔工具"修复细节处肌肤，如图4-78所示为修复后效果。

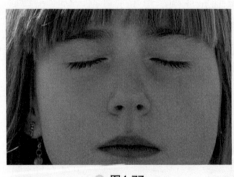

▶图4-77

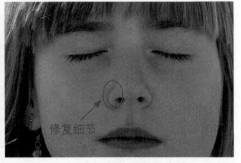

修复细节

▶图4-78

Step 07 单击工具箱中的"混合器画笔工具"，在选项栏中设置画笔为"柔边圆"，潮湿为20%，载入为75%，混合为90%，描边平滑度为10%，在面部涂抹，使肤色均匀，如图4-79所示为混合后效果。

Step 08 按Ctrl＋－组合键缩小视图显示比例，按Ctrl＋J组合键复制一

层。单击工具箱中的"减淡工具" 🔍 ，在选项栏中设置画笔为
"柔边圆"，大小为600，设置范围为"阴影"，曝光度为20%，
选择"保护色调"复选框，在人物处涂抹，提亮阴影，如图4-80
所示为阴影提亮后效果。

▶图4-79

提亮阴影

▶图4-80

Step 09 设置范围为"中间调"，在人物处涂抹，提亮中间调，如图4-81
所示为中间调提亮后效果。

Step 10 单击工具箱中的"海绵工具" 🧽 ，在选项栏中设置模式为"加
色"，流量为20%，按住鼠标左键在图像面部区域拖拽鼠标，增
加饱和度，如图4-82所示为饱和度增加后效果。

提亮中间调

▶图4-81

增加饱和度

▶图4-82

Step 11 单击工具箱中的"加深工具" 🖎 ，在选项栏中设置画笔为"柔边
圆"，大小为60，范围为"中间调"，曝光为10%，在面部眼睛
下方、脸颊下方及脖子处涂抹，加深立体感。至此，完成人像的
修饰。

↑ 自我提升

▶扫一扫 看视频◀

1. 翻新警示牌

"仿制图章工具" 💄 可以利用图像中的现有资源，对有瑕疵的地方进行修复，从而使图像焕然一新。下面请结合仿制图章工具和选区的相关知识点，对警示牌进行翻新处理，如图4-83所示为翻新前后效果。

▶图4-83

▶扫一扫 看视频◀

2. 景深效果

模糊照片背景可以实现景深效果，突出焦点对象，使图像结构更加明显。下面请结合选区和模糊工具、涂抹工具等知识点，制作景深效果，如图4-84所示。

▶图4-84

第 5 章

披沙拣金择优良——
选区与路径的应用

什么是选区？顾名思义，就是选择的区域，在图像中创建选区，可以帮助我们单独处理图像的某一部分，制作出独特的视觉效果。而路径可以帮助我们创建更加复杂的选区，以便进行后续操作。路径与选区，是相辅相成的两个部分，本章将对这两部分重要的知识进行介绍。

5.1 创建选区

选区是Photoshop中非常重要的一个部分。通过选区可以对图像的局部内容进行处理，也可以选择性保留图像的某一部分，制作出特殊的效果。在Photoshop中，用户可以通过选区工具或选区命令创建选区。

5.1.1 选区工具

Photoshop中包括多种选区工具，如"矩形选框工具"、"椭圆选框工具"、"套索工具"、"多边形套索工具"、"快速选择工具"、"魔棒工具"等，用户可以根据需要，选择合适的工具创建选区。下面将对这些选区工具进行介绍。

（1）矩形选框工具

"矩形选框工具"可以创建矩形和正方形选区，适合选择矩形或方形的区域。选择"矩形选框工具"后，可以在选项栏中对其参数进行设置。如图5-1所示为矩形选框工具选项栏。

▽图5-1

该选项栏中部分常用选项作用如下。

① **选区选项按钮组** ：该按钮组又被称为"布尔运算"按钮组，各按钮名称从左至右依次是新选区、添加到选区、从选区中减去及与选区交叉。用户可根据需要，选择合适的选项创建选区。

② **羽化**：用于设置选区羽化值，数值越大，选区边缘越模糊，直角也越圆滑。要注意的是，需要在创建选区之前设置羽化值，否则将不起效果。

③ **样式**：用于设置选区的形状，包括正常、固定比例和固定大小三种选项。

单击工具箱中的"矩形选框工具"，在图像中按住鼠标左键拖动即可绘制如图5-2所示的矩形选区。按住Shift键拖动即可绘制如图5-3所示的正方

绘制矩形选区

▽图5-2

形选区。

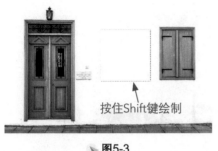

按住Shift键绘制

图5-3

> **经验之谈** 按住Alt键可以鼠标单击处为中心创建选区。若想取消选区，按Ctrl＋D组合键即可。

（2）椭圆选框工具

“椭圆选框工具” 主要用于创建椭圆形和正圆形的选区。选择“椭圆选框工具” 后，可以在选项栏中对其参数进行设置。如图5-4所示为椭圆选框工具选项栏。

羽化: 0像素
消除锯齿
样式: 正常
宽度:
高度:
选择并遮住 ...

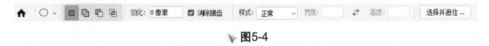

图5-4

该选项栏中的选项基本与矩形选框工具一致，仅激活了“消除锯齿”复选框。“消除锯齿”是指通过软化边缘像素与背景像素之间的颜色过渡效果，使选区的锯齿状边缘平滑。由于只有边缘像素发生变化，因此不会丢失细节。如图5-5、图5-6所示分别为选择与未选择“消除锯齿”复选框的效果。

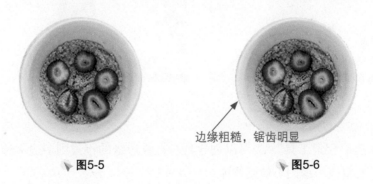

图5-5

边缘粗糙，锯齿明显

图5-6

（3）单行选框工具 / 单列选框工具

“单行选框工具” 和“单列选框工具” 可以选择一行或一列像素，常用于制作网格效果。

单击工具箱中的“单行选框工具” ，在图像中单击即可创建单行选

区，如图5-7所示。单击"单列选框工具" ▮，在选项栏中单击"添加到选区" ▯ 按钮，在图像中单击即可创建单列选区，如图5-8所示。

创建单行选区

▼图5-7

创建单列选区

▼图5-8

（4）套索工具

在处理图像时，大部分要选取的区域都是不规则的，这时候就需要使用"套索工具" ♀ 进行选取。"套索工具" ♀ 可以创建任意形状的选区。

单击工具箱中的"套索工具" ♀，在图像上按住鼠标沿着要选择的区域拖拽，释放鼠标后即可创建如图5-9、图5-10所示的选区。

> **⚠ 注意事项**
>
> 若绘制的轨迹没有闭合，则"套索工具" ♀ 会自动将绘制轨迹的两个端点以直线连接从而创建闭合选区。

拖拽绘制

▼图5-9

创建选区

▼图5-10

（5）多边形套索工具

"多边形套索工具" ⋋ 可以创建具有直线边缘的不规则多边形选区，适合选择具有直线边缘的不规则物体。

单击工具箱中的"多边形套索工具" ⋋，在图像上要选择的区域边缘单击确定起点，然后围绕要选择对象的轮廓在转折点上单击，确定多边形的其他顶点，在结束处双击闭合选区，或将鼠标光标置于起点处，待光标变为 ⋋ 状时，单击闭合选区，如图5-11、图5-12所示为选区闭合与闭合后效果。

闭合选区

创建选区

图5-11　　　　　　　　图5-12

（6）磁性套索工具

"磁性套索工具" 🧲 可以识别图像中颜色交界处反差较大的区域创建精准选区，适用于选择与背景反差较大且边缘复杂的对象。如图5-13所示为磁性套索工具选项栏。

图5-13

该选项栏中部分常用选项作用如下。

① **宽度：** 用于设置选取时光标两侧的检测范围。

② **对比度：** 用于设置套索对图像边缘的灵敏度，取值范围在0%～100%之间。较高的数值将只检测与其周边对比鲜明的边缘，较低的数值将检测低对比度边缘。

自动生成锚点

图5-14

③ **频率：** 用于设置锚点添加的数量，取值范围在0～100之间。数值越高，生成的锚点数越多，捕捉越准确。

单击工具箱中的"磁性套索工具" 🧲，在图像上要选择的区域边缘单击确定起点，然后沿着要选择区域的边缘移动鼠标，即可自动在图像边缘生成锚点，当终点与起点重合时，单击即可闭合选区，如图5-14、图5-15所示为选区闭合与闭合后效果。

闭合选区

图5-15

（7）对象选择工具

"对象选择工具"  可以查找并自动选择对象，适用于在包含多个对象的图像中选择一个对象或某个对象的一部分。选择该工具后，用户只需在对象周围绘制矩形区域或套索，软件即会自动选择已定义区域内的对象。如图5-16所示为对象选择工具选项栏。

▼**图5-16**

该选项栏中部分常用选项作用如下。

① **对象查找程序：** 选择该复选框后，移动鼠标至所需选择的对象上单击即可根据对象创建选区，如图5-17、图5-18所示为选择对象与创建选区后的效果。

▼**图5-17**

▼**图5-18**

② **模式：** 用于设置选区模式，包括矩形和套索两种。创建矩形或套索后，软件会自动区分选区内的对象并进行选择。

单击工具箱中的"对象选择工具" ，沿要选择的对象拖动创建矩形选区，软件会自动选择对象，如图5-19、图5-20所示为框选对象与创建选区后的效果。

▼**图5-19**

▼**图5-20**

（8）快速选择工具

"快速选择工具"  可以快速创建选区。使用该工具时，选区会向外拓展并自动查找和跟随图像中定义的边缘。

单击工具箱中的"快速选择工具" ，在图像上需要选择的区域单击并拖动鼠标，即可创建选区，如图5-21、图5-22所示为选区创建过程及创建完成后效果。

拖动创建选区

创建完成选区

▽图5-21 　　　　　　　　　　　　　　　　▽图5-22

> **经验之谈** 使用"快速选择工具" 创建选区时，按Shift键在图像上拖动鼠标，可将拖动经过的图像区域添加到选区，按Alt键可从选区减去。

（9）魔棒工具

"魔棒工具" 可以选取图像中颜色相同或相近的区域。如图5-23所示为魔棒工具选项栏。

▽图5-23

该选项栏中部分常用选项作用如下。

① **容差**：用于设置选择像素的颜色范围，数值越低，选取的颜色范围与鼠标单击位置的颜色越接近，选取范围越小。

② **连续**：选择该复选框后，将只选择连续的且颜色在容差范围内的区域。取消选择后，可选择整个图像中容差范围内的区域。

单击工具箱中的"魔棒工具" ，在图像上要选择的区域单击即可创建选区，如图5-24、图5-25所示为创建选区前后对比效果。

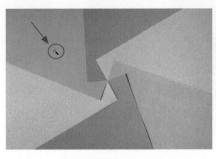
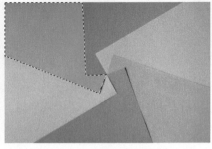

▽图5-24　　　　　　　　　　　　　　▽图5-25

5.1.2　选区命令

除了选区工具外，Photoshop中还提供了多种选区命令用于创建选区，如"色彩范围""焦点区域""主体"等。

（1）色彩范围

"色彩范围"命令可以选择现有选区或整个图像内指定的颜色或色彩范围。执行"选择 > 色彩范围"命令，打开如图5-26所示的"色彩范围"对话框。在该对话框中设置参数，在需要选择的颜色上单击，完成后单击"确定"按钮即可创建选区，如图5-27、图5-28所示为选区创建前后对比效果。

▽图5-26　　　　　　　　▽图5-27　　　　　　　　▽图5-28

"色彩范围"对话框中部分常用选项作用如下。

① **选择**：用于选择预设颜色。选择"取样颜色"选项可使用"吸管工具"取样要选择的颜色。

② **颜色容差**：用于设置取样颜色的范围，数值越高，选择范围越大。

③ **范围**：当选择阴影、中间调或高光时，可通过该数值设置加深的作用

范围。

④ **预览区：**用于显示预览效果。选择“选择范围”选项时，预览区中白色表示选择区域，黑色表示未选择区域；选择“图像”选项时，预览区内将显示原图像。

> **注意事项**
>
> “色彩范围”命令不可用于32位/通道的图像。

（2）焦点区域

“焦点区域”命令可以选择位于焦点中的图像区域或像素。执行“选择 > 焦点区域”命令，打开如图5-29所示的“焦点区域”对话框。在该对话框中设置参数，完成后单击“确定”按钮，即可创建如图5-30所示的选区。

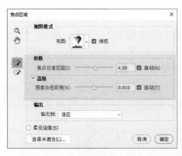

图5-29

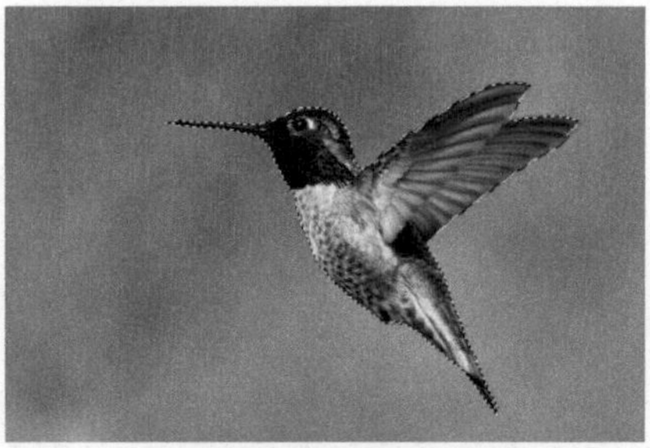

图5-30

“焦点区域”对话框中部分常用选项作用如下。

① **焦点对准范围：**用于设置选区范围，数值越高，选择区域越小。

② **图像杂色级别：**用于去除图像中的杂色。

③ **输出：**用于设置输出方式。

图5-31

（3）主体

“主体”命令可以快速选择图像中最突出的主体。与“对象选择工具”不同的是，执行“主体”命令可选择图像中所有的主要主体，如图5-31、图5-32所示为选择前后对比效果。

图5-32

（4）天空

“天空”命令可以快速选择图像中

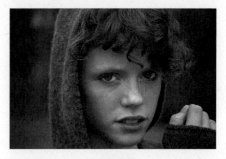

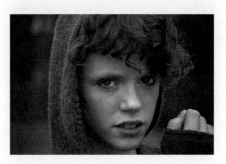

的天空区域。执行"选择＞天空"命令，即可选择天空区域，如图5-33、图5-34所示为选择天空前后对比效果。

▼图5-33　　　　　　　　　　　▼图5-34

经验之谈

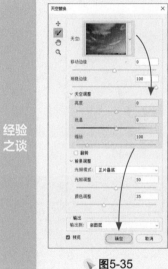

在Photoshop中，有一个非常实用的替换天空的命令，即"天空替换"命令。执行"编辑＞天空替换"命令，打开"天空替换"对话框，在该对话框中选择天空后，设置色温等参数，如图5-35所示，完成后单击"确定"按钮即可替换图像中的天空，如图5-36所示为替换后效果。

▼图5-35　　　　　　　　　　　▼图5-36

上手实操：丁达尔效应

▶扫一扫　看视频

通过创建选区，可以制作出很有意思的效果。下面就以丁达尔效应的制作为例，介绍"色彩范围"命令的应用。

Step 01 打开素材文件"树林.jpg"，如图5-37所示。按Ctrl＋J组合键复制一层。

Step 02 执行"选择＞色彩范围"命令，打开"色彩范围"对话框，在选择下拉列表中选择"高光"，设置范围为180，如图5-38所示。

▼图5-37　　　　　　　　▼图5-38

经验之谈 用户也可通过Ctrl＋Alt＋R组合键快速选取图像中的高光区域。

Step 03 完成后单击"确定"按钮，创建如图5-39所示的选区。按Ctrl＋J组合键复制选区内容至新图层。

Step 04 选中复制的新图层，执行"滤镜＞模糊＞径向模糊"命令，打开"径向模糊"对话框，设置数量、模糊方法等参数，如图5-40所示。

复制选区内容至新图层

▼图5-39

Step 05 完成后单击"确定"按钮，效果如图5-41所示。至此，完成丁达尔效应的制作。

▼图5-40　　　　　　　　▼图5-41

5.2 编辑选区

创建选区后，用户仍可对选区进行扩大、缩小、变换、存储等操作，以便更好地选择对象。

5.2.1 移动选区

创建完选区后，切换至"移动工具" ✛，移动鼠标至选区内部，当鼠标变为 ▸ 状时，按住鼠标拖动即可移动选区及选区内对象，如图5-42、图5-43所示选择与移动效果。

> **❗ 注意事项**
>
> 在移动选区时，若选区位于背景图层中，原选区区域则会被背景色覆盖；若选区所在图层为普通图层，则原选区区域变为透明区域。

▼ **图5-42**

移动选区及对象

▼ **图5-43**

若想移动选区边界，可以选择任意选区工具，在选项栏中单击"新选区" ☐ 按钮，移动鼠标至选区内部，当鼠标变为 ▸ 状时，按住鼠标拖动即可移动选区边界，如图5-44、图5-45所示为移动选区边界前后效果。在使用鼠标拖动选区的同时按住Shift键可使选区在水平、垂直或45°斜线方向移动。

▼ **图5-44**

仅移动选区

▼ **图5-45**

经验之谈	使用方向键同样可以移动选区边界。按方向键可以每次以1像素为单位移动选区，若按Shift键的同时按方向键，则每次将以10像素为单位移动选区。

5.2.2 反选选区

反选选区是指选择图像中未被选中的部分，通过该命令可以快速选择纯色背景上的复杂对象。

在图像上通过"魔棒工具" 🪄 创建如图5-46所示的选区。执行"选择 > 反选"命令或按Shift + Ctrl + I组合键，即可快速选择当前选区外的其他区域，如图5-47所示为反选选区的效果。

创建选区

▼ 图5-46

反选选区

▼ 图5-47

🖌 上手实操：**林深时见鹿**

▶扫一扫 看视频◀

选区可以帮助用户处理图像，使图像更加生动有趣。下面就以出屏效果的制作为例，介绍选区的创建与编辑。

Step 01 ▶ 打开本章素材文件"手机.jpg"，如图5-48所示。

Step 02 ▶ 执行"文件 > 置入嵌入对象"命令，置入本章素材文

▼ 图5-48

件"鹿.jpg"，调整至如图5-49所示的大小与位置。

Step 03 ▶ 选中"鹿"图层，在"图层"面板中右击鼠标，在弹出的快捷菜单中执行"栅格化图层"命令，将图层栅格化，如图5-50所示为栅格化图层后的效果。

🔖图5-49　　　　　　　　🔖图5-50

经验之谈　可以在置入素材图像后，调整"鹿"图层的不透明度，再根据底层图层调整"鹿"图层大小。

Step 04 ▶ 执行"选择＞主体"命令，创建如图5-51所示的选区，选择鹿主体。

Step 05 ▶ 按Ctrl＋J组合键，复制选区至新图层，如图5-52所示为复制后效果。

🔖图5-51　　　　　　　　🔖图5-52

Step 06 ▶ 选择背景图层，单击工具箱中的"魔棒工具" ⚞，在选项栏中设置容差为30，在手机屏幕处单击，创建如图5-53所示的选区，选中手机屏幕区域。

Step 07　选择"鹿"图层，执行"选择 > 反选"命令反转选区，如图5-54所示为反转选区后效果。

Step 08　按Delete键删除选区内容，按Ctrl + D组合键取消选区，效果如图5-55所示。至此，完成出屏效果的制作。

选择手机屏幕

▼ 图5-53

反选选区

▼ 图5-54

▼ 图5-55

5.2.3　修改选区

"修改"命令可以进一步调整选区，使选区更加符合用户需要。执行"选择 > 修改"命令，在其子菜单中执行命令，即可做出相应的操作。如图5-56所示为"修改"命令子菜单。下面将对这五种命令进行介绍。

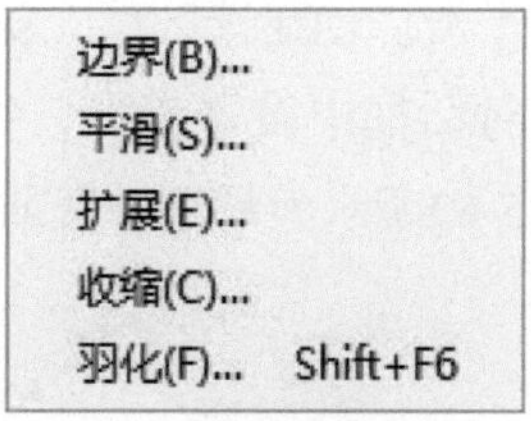

边界(B)...
平滑(S)...
扩展(E)...
收缩(C)...
羽化(F)...　Shift+F6

▼ 图5-56

（1）边界

"边界"命令可以将当前选区转换为以选区边界为中心向内向外扩张指定宽度的选区。执行"选择 > 修改 > 边界"命令，打开"边界选区"对话框，在该对话框中设置宽度后单击"确定"按钮即可，如图5-57、图5-58所示为扩展边界前后对比效果。

图5-57

图5-58

⚠ 注意事项

通过"边界"命令创建出的选区带有一定模糊过渡效果，填充选区即可看出，如图5-59、图5-60所示为扩展边界选区及填充后效果。

图5-59

图5-60

（2）平滑

"平滑"命令可以清除选区中的杂散像素，平滑尖角和锯齿，使选区边界平滑。创建选区后，执行"选择>修改>平滑"命令，在弹出的"平滑选区"对话框中设置参数，完成后单击"确定"按钮即可平滑选区，如图5-61、图5-62所示为平滑选区前后对比效果。

图5-61

平滑选区

图5-62

（3）扩展

"扩展"命令可以设置参数扩大选区范围。执行"选择 > 修改 > 扩展"命令，打开"扩展选区"对话框，在该对话框中设置扩展量，完成后单击"确定"按钮，即可根据设置扩展选区范围，如图5-63、图5-64所示为扩展选区前后对比效果。

▼图5-63

（4）收缩

"收缩"命令与"扩展"命令相反，可以设置参数缩小选区范围。执行"选择 > 修改 > 收缩"命令，打开"收缩选区"对话框，在该对话框中设置收缩量，完成后单击"确定"按钮，即可根据设置收缩选区范围，如图5-65、图5-66所示为收缩选区前后对比效果。

▼图5-64

▼图5-65

▼图5-66

（5）羽化

"羽化"命令可以使选区边缘变得柔和，生成由选区中心向外渐变的半透明效果。执行"选择 > 修改 > 羽化"命令或按Shift + F6组合键，在弹出的"羽化选区"对话框中设置羽化半径，完成后单击"确定"按钮，即可设置羽化选区，如图5-67、图5-68所示为羽化前后对比效果。

> **！注意事项**
>
> 对选区内的图像进行移动、填充等操作才能看到图像边缘的羽化效果。

▼ 图5-67

▼ 图5-68

5.2.4 扩大选取

　　"扩大选取"命令可以选择所有位于"魔棒"选项中指定的容差范围内的相邻像素。执行"选择＞扩大选取"命令，即可扩展选区，如图5-69、图5-70所示为选区扩大前后对比效果。

> ❗ 注意事项
>
> 位图模式或32位／通道的图像上无法使用"扩大选取"命令和"选取相似"命令。

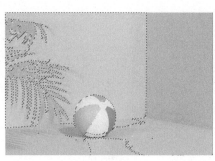

▼ 图5-69

▼ 图5-70

5.2.5 选取相似

　　"选取相似"命令可以选择整个图像中位于容差范围内的像素。执行"选择＞选取相似"命令，即可扩展选区包含具有相似颜色的区域，如图5-71、图5-72所示为原选区及选取相似颜色区域后对比效果。

▼ 图5-71　　　　　　　　　　　　　　▼ 图5-72

5.2.6　变换选区

　　"变换选区"命令可以对选区作出缩放、旋转、扭曲等操作，从而改变选区的外观。

　　创建选区后，执行"选择 > 变换选区"命令，选区周围出现如图5-73所示的定界框，调整定界框，即可改变选区外观，如图5-74所示为扩大选区效果。

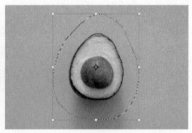

▼ 图5-73　　　　　　　　　　　　　　▼ 图5-74

---

❶ 注意事项

　　"变换选区"命令和"自由变换"命令不同，"变换选区"命令是对选区进行调整，而"自由变换"命令可以改变选区内图像，如图5-75、图5-76所示为变换选区前后对比效果。

▼ 图5-75　　　　　　　　　　　　　　▼ 图5-76

5.2.7 存储选区

创建选区后，可以选择将选区存储起来，以便需要时重新使用。

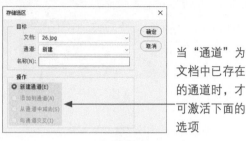

▼图5-77

当"通道"为文档中已存在的通道时，才可激活下面的选项

选区创建完成后，执行"选择 > 存储选区"命令或右击鼠标，在弹出的快捷菜单中执行"存储选区"命令，打开"存储选区"对话框，如图5-77所示。在该对话框中设置参数后单击"确定"按钮，即可存储当前选区。

该对话框中部分常用选项作用如下。

① **文档**：用于设置选区的目标图像，默认是当前图像，若选择"新建"选项，则将其保存到新建的图像中。

② **通道**：用于设置选区的目标通道。

③ **名称**：用于设置要存储选区的名称。

④ **操作**：用于选择选区运算的操作方式。

5.2.8 载入选区

"载入选区"命令可以重新使用Alpha通道中存储的选区。执行"选择 > 载入选区"命令，打开"载入选区"对话框，如图5-78所示。在该对话框中设置参数后单击"确定"按钮，即可重新使用之前存储过的选区。

该对话框中部分常用选项作用如下。

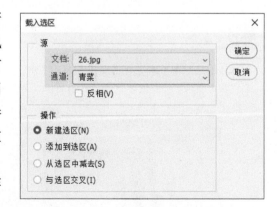

▼图5-78

① **文档**：用于选择存储选区所在的文档。

② **通道**：用于选择存储选区的通道名称。

③ **操作**：用于设置载入选区与图像中现有选区的运算方式。

经验
之谈

除了以上编辑选区的操作外，用户还可以用选区进行填充、描边等操作。创建选区后，右击鼠标，在弹出的快捷菜单中执行相应的命令即可，如图5-79所示为展开的快捷菜单。

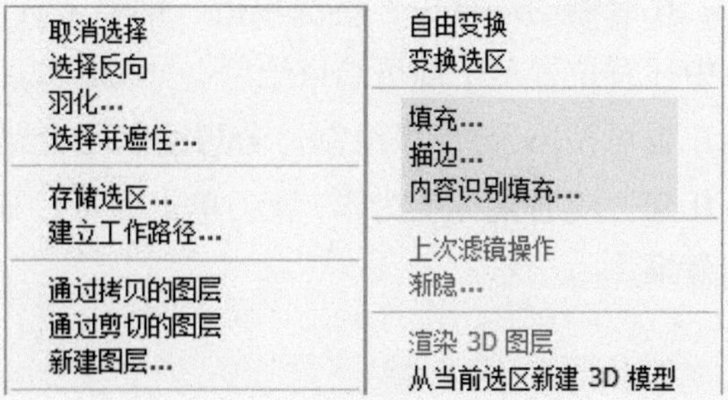

取消选择	自由变换
选择反向	变换选区
羽化…	
选择并遮住…	填充…
	描边…
存储选区…	内容识别填充…
建立工作路径…	
	上次滤镜操作
通过拷贝的图层	渐隐…
通过剪切的图层	
新建图层…	渲染 3D 图层
	从当前选区新建 3D 模型

▼ 图5-79

5.3 钢笔工具组

路径由一个或多个直线段或曲线段组成，是一种具有矢量特征的轮廓。钢笔工具组中的工具可以绘制、编辑路径。其中，"钢笔工具" 、"自由钢笔工具" 和"弯度钢笔工具" 主要用于创建路径，"添加锚点工具" 、"删除锚点工具" 和"转换点工具" 主要用于对路径进行编辑。

5.3.1 钢笔工具

"钢笔工具" 是最基础的创建路径的工具，该工具的自由度很高，可以绘制任意形状的路径。

使用"钢笔工具" 绘制路径时，每次单击就会创建一个锚点，且该锚点与上一个锚点之间以直线连接，如图5-80所示为使用"钢笔工具" 绘制的直线路径。若单击后按住鼠标拖拽，则可创建曲线路径，如图5-81所示为创建的曲线路径效果。

▼ 图5-80

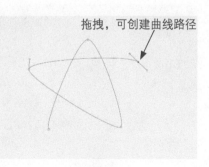

拖拽，可创建曲线路径

▼ 图5-81

125

在绘制的过程中，再次单击"钢笔工具" 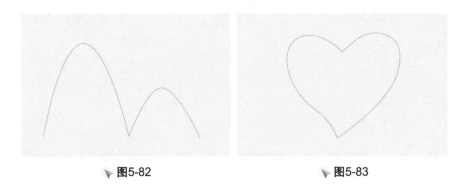 或按住Ctrl键在图像编辑窗口中任意位置单击即可结束绘制，如图5-82所示为开放路径结束绘制的效果。用户也可按Esc键结束绘制。若想绘制闭合路径，可以移动鼠标光标与路径起点相交，此时鼠标变为 状，单击即可，如图5-83所示为闭合路径结束绘制的效果。

▼ 图5-82   ▼ 图5-83

5.3.2 自由钢笔工具

"自由钢笔工具" 与"钢笔工具" 最大的区别在于不用手动的添加锚点，使用时按住鼠标拖动即可自动添加锚点。

选择"自由钢笔工具" ，按住鼠标在图像编辑窗口中拖动创建路径，松开鼠标即可结束绘制，再次按住鼠标拖动将继续绘制路径，如图5-84所示为继续绘制效果。若在选项栏中选择"磁性的"复选框后，沿图像边缘移动光标，系统会根据颜色反差自动吸附在图像边缘线上，从而创建如图5-85所示连续的路径。

▼ 图5-84

▼ 图5-85

5.3.3 弯度钢笔工具

"弯度钢笔工具"  可以很方便地绘制曲线或直线段，在使用时不需要切换工具就可以转换锚点类型。

选择"弯度钢笔工具"，在图像编辑窗口中单击将创建如图5-86所示的平滑点，双击将创建角点。若要将平滑锚点转换为角点或将角点转换为平滑锚点，双击该点即可，如图5-87所示为将平滑锚点转换为角点的效果。

图5-86

图5-87

✏ 上手实操：绘制云形路径

"弯度钢笔工具" 便于制作一些曲线和直线段衔接的路径。下面将以云形路径的绘制为例，介绍"弯度钢笔工具"的应用。

Step 01 打开Photoshop，新建400×600（像素）的空白文档。设置前景色为浅蓝色（#99effc），按Alt + Delete组合键填充如图5-88所示的前景色。

图5-88

Step 02 选择"弯度钢笔工具" ✏️，在图像编辑窗口中合适位置双击，设置如图5-89所示的起点位置。

Step 03 移动鼠标至合适位置后单击，创建如图5-90所示的平滑点。

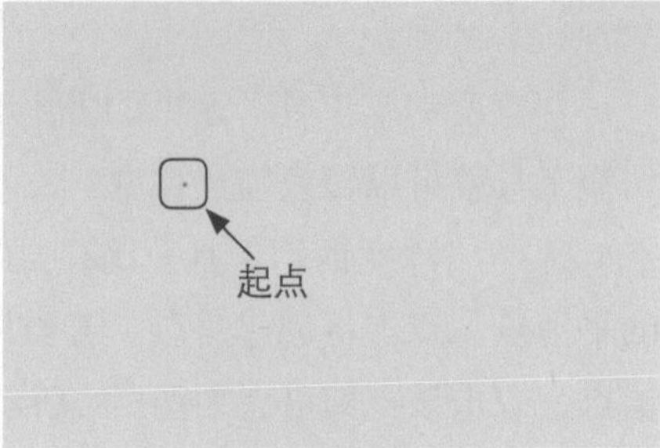

起点

▼图5-89

Step 04 再次移动鼠标至合适位置双击，创建如图5-91所示的角点。

▼图5-90

▼图5-91

Step 05 重复操作，直至完成绘制，如图5-92、图5-93所示。至此，完成云形路径的绘制。

▼图5-92

▼图5-93

5.3.4 添加锚点工具

"添加锚点工具" ✏️ 可在路径上添加锚点，以便方便用户控制路径。选择"添加锚点工具" ✏️，移动鼠标至路径上，当鼠标变为 ▶+ 状时，在路径上单击即可添加锚点，新添加的锚点处于选中状态，以实心显示，如图5-94、图5-95所示为锚点添加前后对比效果。

▶ 图5-94

▶ 图5-95

5.3.5　删除锚点工具

"删除锚点工具" ✐ 与 "添加锚点工具" ✐ 作用相反，可以删除不需要的锚点，以免路径过于复杂。选择 "删除锚点工具" ✐，移动鼠标至要删除的锚点处，待鼠标变为 ✎ 状时单击即可删除锚点，如图5-96、图5-97所示为锚点删除前后效果。

要注意的是，删除锚点后，相应的路径形状也会发生变化。

> **❶ 注意事项**
>
> 使用 "钢笔工具" ✐ 时，选择选项栏中的 "自动添加 / 删除" 复选框，移动鼠标至路径上单击，将添加锚点；单击现有锚点，将删除该锚点。

▶ 图5-96

▶ 图5-97

5.3.6　转换点工具

"转换点工具" ⌐ 可以将角点转换为平滑锚点，将平滑锚点转换为角点。

选择"转换点工具"⊾，移动鼠标至要转换类型的锚点处，单击可将其转换为角点，按住拖动鼠标可将其转换为平滑锚点，如图5-98、图5-99所示为锚点转换前后对比效果。

图5-98   图5-99

若选中平滑锚点一侧的控制点拖动，可将该侧线段与移动控制点相连的锚点转换为角点，如图5-100、图5-101所示为转换前后对比效果。

图5-100   图5-101

经验之谈

除了钢笔工具组外，用户还可以使用形状工具组中的工具创建路径。选择形状工具后，在选项栏中设置工具模式为"路径"即可，如图5-102所示为"矩形工具"□ 选项栏。

🏠　□ ▾　路径 ▾　建立：　选区…　蒙版　形状　⬚　⬚　⬚　✿　⌒ 0 像素　对齐边缘

图5-102

5.4 编辑路径

创建路径后，可以通过工具对路径进行调整，还可以进行复制、填充、存储等操作。

5.4.1 "路径"面板

　　"路径"面板是专门用于管理路径的面板，Photoshop中绘制的所有路径都存储在"路径"面板中。执行"窗口>路径"命令即可打开"路径"面板，如图5-103所示为打开的"路径"面板。

▼ 图5-103

　　该面板中各选项作用介绍如下。

　　① **路径缩览图**：用于显示路径的大致形状。

　　② **路径名称**：用于显示路径名称，双击可修改。

　　③ **用前景色填充路径** ●：单击该按钮，将使用工具箱中的前景色填充路径。

　　④ **用画笔描边路径** ○：单击该按钮，将使用设置好的画笔工具描边路径。

　　⑤ **将路径作为选区载入** ⬚：单击该按钮，可将路径转换为选区。

　　⑥ **从选区生成工作路径** ◇：单击该按钮，可将选区转换为路径。

　　⑦ **添加蒙版** ◨：用于为当前选择的路径创建蒙版。

　　⑧ **创建新路径** ⊞：单击该按钮将在"路径"面板中创建新的路径图层。

　　⑨ **删除当前路径** 🗑：用于删除当前选中的路径。

> **经验之谈**　创建路径后，用户也可按Ctrl+Enter组合键将路径转换为选区。

5.4.2 选择路径

　　Photoshop中有专门选择路径的工具："路径选择工具" ▶ 和"直接选择工具" ▷。"路径选择工具" ▶ 可以选择并移动创建的路径，"直接选择工具" ▷可以选择路径中的锚点、线段等。

　　（1）路径选择工具

　　选择工具箱中的"路径选择工具" ▶，移动鼠标至路径上单击，即可选择该路径，如图5-104、图5-105所示为选择路径前后效果。选择路径后按住鼠标左键进行拖拽即可改变路径位置。

▼ 图5-104

选择路径

▼ 图5-105

（2）直接选择工具

选择工具箱中的"直接选择工具"，移动鼠标至路径锚点上，单击选中锚点即可移动锚点，如图5-106所示为移动锚点后效果。移动鼠标至锚点控制线上拖拽可改变锚点方向，如图5-107所示为改变锚点控制线效果。

> **注意事项**
>
> 选中的锚点呈实心状态，未选中的锚点呈空心状态。

移动锚点

▼ 图5-106

移动锚点控制线

▼ 图5-107

5.4.3 复制路径

复制路径可以减少重复工作，提升工作效率。在Photoshop中，用户可以选择多种方法复制路径。

① 在"路径"面板中选择已存储的路径，右击鼠标，在弹出的快捷菜单中执行"复制路径"命令，打开"复制路径"对话框，在该对话框中设置名称，完成后单击"确定"按钮即可。

② 在"路径"面板中选择路径，拖拽至"创建新路径" ⊞ 按钮上，即可

直接创建路径的副本。

③ 在"路径"面板中选中路径，按住Alt键拖拽复制。

④ 在图像编辑窗口中选中路径，执行"编辑 > 拷贝"和"编辑 > 粘贴"命令或按Ctrl + C、Ctrl + V组合键，可在原地复制路径。

> **❶ 注意事项**
>
> 若在图像编辑窗口中选择路径后按住Alt键拖拽，可复制路径在原路径图层中。

5.4.4　存储路径

首次绘制的路径会被默认为工作路径，将工作路径转换为选区并进行填充后，再次绘制路径将自动覆盖前面的路径，用户可以通过存储路径，避免这一情况。

单击"路径"面板右上角的 ☰ 按钮，在弹出的快捷菜单中执行"存储路径"命令，打开"存储路径"对话框，在该对话框中设置路径名称，完成后单击"确定"按钮即可按照设置的名称存储路径，如图5-108、图5-109所示为存储路径前后对比效果。

▼ 图5-108　　　　▼ 图5-109

> **经验之谈**　用户也可以双击"路径"面板中的工作路径，打开"存储路径"对话框进行设置。

5.4.5　填充和描边路径

（1）描边路径

描边是指在路径边缘添加边框，实现为路径边缘添加画笔线条的效果。在描边之前，可以先对画笔的笔触和颜色等进行设置。

选中要描边的路径，右击鼠标，在弹出的快捷菜单中执行"描边路径"命令，打开"描边路径"对话框，在该对话框中选择工具后单击"确定"按钮，即可以该工具的笔触描边路径，如图5-110、图5-111所示为路径描边前后对比效果。

▼图5-110　　　　　　　　　　　　　　▼图5-111

经验之谈	选择路径后，按住Alt键单击"路径"面板中的"用画笔描边路径" ⊙ 按钮也可打开"描边路径"对话框进行设置。

（2）填充路径

填充路径是指为路径填充颜色或图案。选中要填充的路径，右击鼠标，在弹出的快捷菜单中执行"填充路径"命令，打开如图5-112所示的

▼图5-112　　　　　　　　　　　　▼图5-113

"填充路径"对话框。在该对话框中设置参数后单击"确定"按钮即可填充路径，如图5-113所示为路径填充后效果。

上手实操：炫彩文字

▶扫一扫　看视频◀

结合不同的笔触与颜色，可以制作出特殊的路径描边效果。下面就以炫彩文字的制作为例，介绍描边路径的应用。

Step 01 ▶ 打开本章素材文件"背景.jpg"，如图5-114所示。

Step 02 新建图层，使用"钢笔工具" <img_1> 绘制如图5-115所示的文字路径。

绘制路径

▼图5-114　　　　　　　　　　　　▼图5-115

Step 03 选择工具箱中的"涂抹工具"，在选项栏中选取合适的笔刷，设置强度、模式等参数，如图5-116所示。

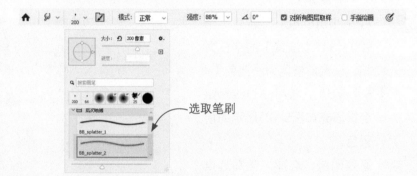

选取笔刷

▼图5-116

Step 04 选择"钢笔工具" <img_x>，右击鼠标，在弹出的快捷菜单中执行"描边路径"命令，打开"描边路径"对话框，选择涂抹工具，如图5-117所示。

Step 05 完成后单击"确定"按钮，隐藏背景图层，效果如图5-118所示。至此，完成炫彩文字的制作。

选择涂抹工具

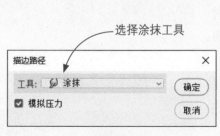

隐藏背景

▼图5-117　　　　　　　　　　　　▼图5-118

拓展练习：萌宠公众号头图

在日常工作生活中，选区与路径可以帮助我们完成许多工作。本案例将通过萌宠公众号头图的制作，介绍选区和路径的应用，制作效果如图5-119、图5-120所示。

🔖 图5-119 　　　　　　　　　　　🔖 图5-120

Step 01 ▸ 打开Photoshop，新建一个900×383（像素）的空白文档，设置前景色为浅蓝色（#6dbaed），按Alt+Delete组合键填充如图5-121所示的前景色。

🔖 图5-121

Step 02 ▸ 新建图层，选择"椭圆选框工具" ⬭，在选项栏中单击"添加到选区" 🔲 按钮，设置羽化值为0，其他保持默认，在图像编辑窗口中合适位置绘制椭圆，完成后效果如图5-122所示。

绘制多个椭圆选区

🔖 图5-122

Step 03 ▸ 设置前景色为白色，按Alt+Delete组合键为选区填充前景色，按Ctrl+D组合键取消选区，效果如图5-123所示。

填充选区

🔖 图5-123

Step 04 ▸ 选中图层1，按住Alt键拖拽复制，按Ctrl+T组合键自由变换复制的对象，调整大小，旋转角度，效果如图5-124所示。

按住【Alt】键复制

🔖 图5-124

Step 05 ▶ 新建图层，使用"钢笔工具"　　绘制如图5-125所示路径。

Step 06 ▶ 按Ctrl＋Enter组合键将路径转换为选区，设置前景色为浅蓝色
（#e8f6ff），按Alt＋Delete组合键为选区填充前景色，按Ctrl＋D
组合键取消选区，效果如图5-126所示。

▶ **图5-125**　　　　　　　　　　　▶ **图5-126**

Step 07 ▶ 使用相同的方法，新建图层，并绘制路径创建选区，填充白色，
效果如图5-127所示。

Step 08 ▶ 执行"文件＞置入嵌入对象"命令，置入本章素材图层"猫.png"，
调整至如图5-128所示的位置与大小。

▶ **图5-127**　　　　　　　　　　　▶ **图5-128**

Step 09 ▶ 选择"横排文字工具" **T**，在选项栏中设置字体为"庞门正道粗
书体"，字号为21点，颜色为白色。在图像编辑窗口中单击并输
入如图5-129所示文字。

Step 10 ▶ 选中输入的文字，在"图层"面板中按住Alt键向下拖拽复制，使
用键盘上的方向键轻移复制图层，如图5-130所示为复制后效果。

▶ **图5-129**　　　　　　　　　　　▶ **图5-130**

Step 11 在"图层"面板中双击复制图层空白处，打开"图层样式"对话框，在"混合选项"选项卡中设置"混合颜色带"参数，如图5-131所示。

Step 12 切换至"描边"选项卡，设置大小、颜色等参数，如图5-132所示。

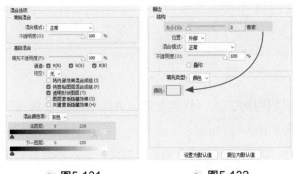

▼图5-131　　　　　　　▼图5-132

Step 13 完成后单击"确定"按钮，效果如图5-133所示。

Step 14 选择"横排文字工具" **T**，在选项栏中设置字体为"仓耳渔阳体"，字体样式为"W04"，字号为4点，颜色为白色。在图像编辑窗口中如图5-134所示的位置单击并输入文字。

▼图5-133

▼图5-134

Step 15 选择工具箱中的"矩形工具" □，在选项栏中设置填充为无，描边为白色，描边宽度为1像素，圆角为14像素。在图像编辑窗口中按住鼠标拖拽至图5-135所示位置。

Step 16 新建图层，使用"钢笔工具" ⌀ 绘制如图5-136所示路径，制作图形效果。

▽ 图5-135

▽ 图5-136

Step 17 在图像编辑窗口中右击鼠标，在弹出的快捷菜单中执行"填充路径"命令，打开"填充路径"对话框，设置内容、模式等参数，如图5-137所示为填充参数。

Step 18 完成后单击"确定"按钮，效果如图5-138所示。

▽ 图5-137

Step 19 选中新图层，在"图层"面板中按住Alt键向下拖拽复制，使用键盘上的方向键轻移复制图层，如图5-139所示为复制后效果。

▽ 图5-138

▽ 图5-139

Step 20 在"图层"面板中选中复制的文字图层，右击鼠标，在弹出的快捷菜单中执行"拷贝图层样式"命令，选中新复制的图层，右击鼠标，在弹出的快捷菜单中执行"粘贴图层样式"命令。至此，完成萌宠公众号头图的制作。

↑ 自我提升

1. 艺术路径文字

　　艺术字可以为我们的图像增光添彩。在Photoshop中，我们可以通过路径和画笔工具制作出特殊的文字效果。下面请结合路径、画笔工具、文字工具等知识点制作艺术路径文字效果，如图5-140所示。

▽ 图5-140

2. 生活照片

　　单独查看某个图像总会显得单调，通过Photoshop，我们可以将单一的图像与其他图像结合，使图像更加有趣。下面请综合选区、图层及图层样式的知识点，制作具有生活气息的照片效果，如图5-141所示。

▽ 图5-141

第 6 章

绚丽多彩彰风华——
色彩的调整

色彩是人们对设计作品最直观的印象，可直接影响人们的感情。在 Photoshop 中，用户可以通过调整图像的色相、饱和度、明度等参数改变图像的色调，以得到鲜明或细腻的图像效果。本章将对色彩调整的相关知识与操作进行详细介绍。

6.1 色彩基础

色彩是最具视觉表现力的元素之一，是平面设计作品中不可缺少的部分。好的色彩可以与图像内容相互协调，升华图像效果。

6.1.1 色彩三要素

色彩三要素即指色相、饱和度和明度，人眼看到的彩色光都是这三个要素综合的结果。

（1）色相

色相指色彩的相貌，如红、蓝、紫、橙等，是区分颜色最准确的标准，是彩色的最大特征。黑白灰以外的颜色都具有色相的属性。

最初的色相为如图6-1所示的红、橙、黄、绿、蓝、紫，各色之间添加一个中间色，就构成了如图6-2所示的十二色相。

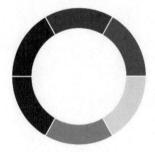

▼图6-1

（2）饱和度

饱和度指色彩鲜艳的程度，又被称为纯度。纯度最高的色彩就是原色，纯度越低，色彩越淡。不同色相所能达到的纯度是不同的，其中红色纯度最高，绿色纯度相对低些，其余色相居中，如图6-3、图6-4所示为图像不同饱和度的对比效果。

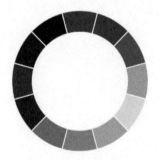

▼图6-2

▼图6-3

▼图6-4

（3）明度

明度指色彩的明暗差别，不同明度的颜色可以表现色彩层次感。色彩的明度有两种情况。

① **同一色相不同明度**：如天蓝、湖蓝、深蓝，都是蓝，但一种比一种深，如图6-5、图6-6所示为不同蓝色的对比效果；

图6-5

图6-6

② **不同色相不同明度**：每一种纯色都有与其相应的明度，其中，白色明度最高，黑色明度最低，红、灰、绿、蓝等色为中间明度。

6.1.2 基础配色知识

颜色可以影响观众的感觉，给人带来不同的视觉体验。了解图像颜色的色调、邻近色、互补色等知识，有助于调整色调，得到效果更好的图像。

（1）暖色和冷色

根据心理感受，可以将颜色分为暖色调、冷色调和中性色调。其中，暖色调可以给人温暖热情的感觉，常见的暖色调有如图6-7所示的红色、橙色等；冷色调给人凉爽或寒冷的感觉，常见的冷色调有如图6-8所示的蓝色等。

图6-7

图6-8

（2）邻近色

邻近色一般指色相环中相距60°～90°的颜色，该类型颜色色相接近，冷暖性质接近，给人带来的感受也较为一致，如图6-9、图6-10所示。

▼图6-9

▼图6-10

（3）互补色

互补色指色相环中呈180°角的两种颜色，如红色与绿色、蓝色与橙色等。互补色可以引起强烈对比的色觉，如图6-11、图6-12所示。

▼图6-11

▼图6-12

◆ 6.2 常用图像调整命令

在Photoshop中，用户可以使用多个命令对图像的色调、亮度等参数进行调整，使图像更加精美。

6.2.1 亮度／对比度

"亮度／对比度"命令可以调整图像的亮度和对比度，如图6-13、图6-14

所示为调整前后对比效果。

图6-13　　　　　　　　　　　　　图6-14

执行"图像 > 调整 > 亮度／对比度"命令，打开如图6-15所示的"亮度／对比度"对话框，从中对亮度和对比度的参数进行设置。

图像明暗的对比
参数越大，对比越强
参数越小，对比越弱

图像整体明暗程度
参数越大，图像越亮
参数越小，图像越暗

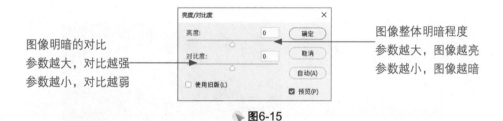

图6-15

6.2.2　色阶

色阶是表示图像亮度强弱的指数标准。通过执行"色阶"命令可以校正图像的色调范围和色彩平衡，如图6-16、图6-17所示为调整前后对比效果。

图6-16　　　　　　　　　　　　　图6-17

执行"图像 > 调整 > 色阶"命令或按Ctrl + L组合键，打开"色阶"对话框，如图6-18所示。在该对话框中设置参数，即可调整图像效果。

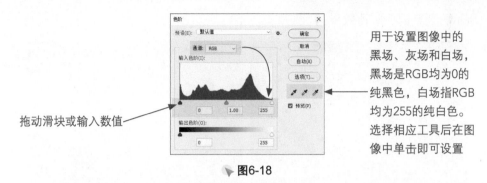

用于设置图像中的黑场、灰场和白场，黑场是RGB均为0的纯黑色，白场指RGB均为255的纯白色。选择相应工具后在图像中单击即可设置

拖动滑块或输入数值

▶ 图6-18

该对话框中部分常用选项作用如下。

① **预设：**用于选择软件预设的效果对图像进行调整。

② **通道：**用于选择不同的通道对图像进行调整，如图6-19、图6-20所示为对蓝通道进行调整的效果。

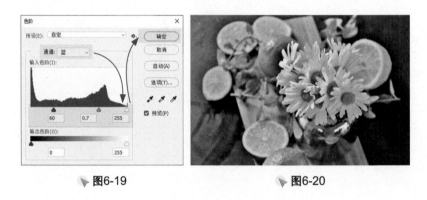

▶ 图6-19   ▶ 图6-20

③ **输入色阶：**黑、灰、白滑块分别对应3个文本框，依次用于调整图像的阴影、中间调和高光。

④ **输出色阶：**用于设置图像亮度，从而更改对比度。

> **经验之谈** 用户还可以通过"色阶"对话框中的吸管工具 ✐ ✐ ✐ 在图像上相应的位置单击设置黑场、灰场或白场，从而调整图像效果。

6.2.3 曲线

"曲线"命令可以通过调整曲线影响图像颜色和色调，使图像色彩更加协调。如图6-21、图6-22所示为调整前后效果。

图6-21

图6-22

执行"图像＞调整＞曲线"命令
或按Ctrl＋M组合键，打开如图6-23所
示的"曲线"对话框。

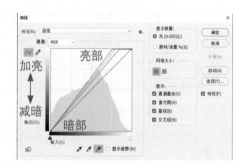

图6-23

其中，"曲线"对话框中主要选
项的功能介绍如下。

① **预设**：用于选择预设的曲线效
果对图像进行调整。

② **通道**：用于选择通道来调整图
像，可以校正图像颜色。

③ **编辑点以修改曲线** ～：单击该按钮后，移动鼠标至曲线上单击，可以
添加新的控制点，拖动控制点即可改变曲线形状。

④ **通过绘制来修改曲线** ✐：单击该按钮后，移动鼠标至曲线上，按住鼠
标左键可以自由地绘制曲线。绘制完成后，单击"编辑点以修改曲线"～ 按
钮可以显示控制点。

⑤ **显示**：包括"通道叠加""直方图""基线"和"交叉线"四个选
项。主要用于设置曲线编辑框内显示的内容。

6.2.4 色相／饱和度

"色相／饱和度"命令可以通过对图像的色相、饱和度和亮度进行调整，
达到改变图像色彩的目的。而且还可以通过给像素定义新的色相和饱和度，实
现灰度图像上色的功能，或制作单色调效果。如图6-24、图6-25所示为调整前
后效果。

▶图6-24　　　　　　　　　　　　　　　▶图6-25

执行"图像 > 调整 > 色相／饱和度"命令或按Ctrl＋U组合键，打开如图6-26所示的"色相／饱和度"对话框。

在该对话框中，选择"全图"选项可一次调整整幅图像中的所有颜色。若选中其他选项，则色彩变化只对当前选中的颜色起作用。若勾选"着色"复选框，则可通过调整色相和饱和度，让图像呈现多种富有质感的单色调效果。

▶图6-26

▶扫一扫 看视频◀

上手实操：明亮的向日葵

通过色阶、曲线、色相／饱和度等命令可以提亮照片，改变照片的风格基调。下面就以向日葵照片的提亮为例，介绍部分调整命令的应用。

Step 01 ▶ 打开本章素材文件"向日葵.jpg"，如图6-27所示。按Ctrl+J组合键复制一层。

Step 02 ▶ 执行"亮度／对比度"命

▶图6-27

令，打开"亮度／对比度"对话框，设置如图6-28所示的参数，提亮图像，增加对比度。

Step 03 ▶ 完成后单击"确定"按钮，效果如图6-29所示。

Step 04 ▶ 按Ctrl＋L组合键，打开

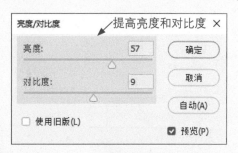

▼ 图6-28

"色阶"对话框，选择"蓝"通道，设置如图6-30所示的参数，稍微提亮图像中高光区域的蓝色，压暗中间调区域的蓝色。

▼ 图6-29　　　　　　　　　▼ 图6-30

Step 05 ▶ 选择"RGB"通道，设置如图6-31所示的参数，提亮全图。

Step 06 ▶ 完成后单击"确定"按钮，效果如图6-32所示。

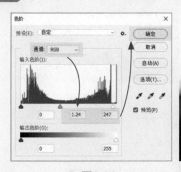

▼ 图6-31　　　　　　　　　▼ 图6-32

Step 07 ▶ 按Ctrl＋U组合键，打开"色相／饱和度"对话框，设置如图6-33所示的参数，增加饱和度和明度。

Step 08 ▶ 完成后单击"确定"按钮，效果如图6-34所示。至此，完成向日

葵照片的提亮。

图6-33

图6-34

6.2.5　色彩平衡

　　"色彩平衡"命令可以调整图像整体色彩平衡，在彩色图像中改变颜色的混合，常用于纠正图像中明显的偏色问题，使整体色调更平衡。该命令只作用于复合颜色通道。如图6-35、图6-36所示为调整前后对比效果。

图6-35

图6-36

　　执行"图像 > 调整 > 色彩平衡"命令或按Ctrl + B组合键，打开如图6-37所示的"色彩平衡"对话框。该对话框中部分常用选项作用如下。

　　① **色彩平衡**：用于调整图像色彩，滑块向哪方拖动，即可增加该

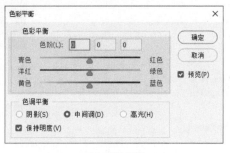

图6-37

方向对应的颜色，同时减少其补色。

② **色调平衡**：用于选择色彩平衡的范围，包括"阴影""中间调""高光"三个选项。选中某一个单选按钮，就可对相应色调的像素进行调整。选择"保持明度"复选框可以保持图像明度不变。

6.2.6 黑白

"黑白"命令可以将彩色图像转换为黑白图像，呈现图像的主体和纹理。如图6-38、图6-39所示为调整前后对比效果。

▼图6-38　　　　　　　　　　　　　　　　　▼图6-39

执行"图像 > 调整 > 黑白"命令或按Alt + Ctrl + Shift + B组合键，打开如图6-40所示的"黑白"对话框。用户可以通过该对话框中的选项调整图像，从而得到层次感强且更加细腻的黑白图像。

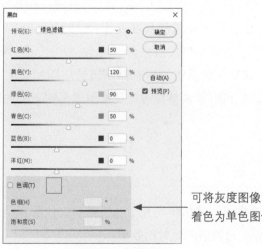

可将灰度图像
着色为单色图像

▼图6-40

6.2.7 通道混合器

"通道混合器"命令可以将图像中某个通道的颜色与其他通道中的颜色进行混合，使图像产生合成效果，从而调整图像色彩。如图6-41、图6-42所示为调整前后效果。

▶图6-41　　　　　　　　　　　　　▶图6-42

执行"图像 > 调整 > 通道混合器"命令，打开如图6-43所示的"通道混合器"对话框。

该对话框中部分常用选项作用如下。

① **输出通道**：在该下拉列表中可以选中某个通道进行混合。

② **源通道**：用于设置源通道在输出通道中占的百分比。

③ **常数**：用于设置输出通道的灰度。若为负值则增加黑色，正值则增加白色。

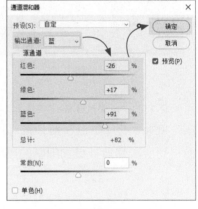

▶图6-43

④ **单色**：勾选该复选框后将对所有输出通道应用相同的设置，创建该色彩模式下的灰度图，也可继续调整参数让灰度图像呈现不同的质感效果。

6.2.8 照片滤镜

"照片滤镜"命令可以模拟传统光学滤镜特效，使图像呈现不同的色调。如图6-44、图6-45所示为调整前后对比效果。

▼图6-44

▼图6-45

执行"图像 > 调整 > 照片滤镜"命令，打开如图6-46所示的"照片滤镜"对话框。选择该对话框中的"滤镜"选项，可以在下拉列表中选择预设的颜色添加滤镜效果；选择"颜色"选项可以自定义颜色滤镜；密度可以控制着色强度。

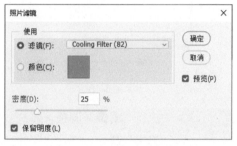

▼图6-46

上手实操：美味佳肴

▶扫一扫　看视频◀

颜色可以影响人的心理感受，在饮食上尤甚。一般来说，红色和黄色看起来会更有食欲，蓝色紫色则给人一种难以下咽的感觉。下面就以食物照片色调的调整为例，介绍曲线、色相／饱和度、照片滤镜等命令的应用。

▼图6-47

Step 01　打开本章素材文件"食物.jpg"，如图6-47所示。按Ctrl＋J组合键复制一层。

Step 02 按Ctrl＋M组合键，打开“曲线”对话框，单击“在图像中取样以设置白场”按钮，在图像中最白的位置单击，定义白场，此时，“曲线”对话框中的曲线将自动调整，如图6-48所示。

Step 03 完成后单击“确定”按钮，效果如图6-49所示。

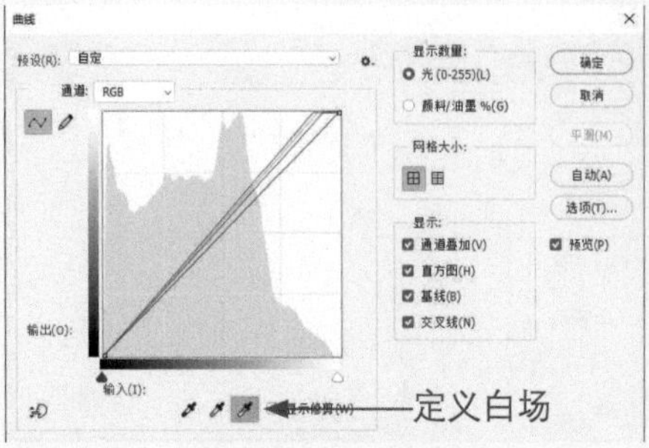

图6-48

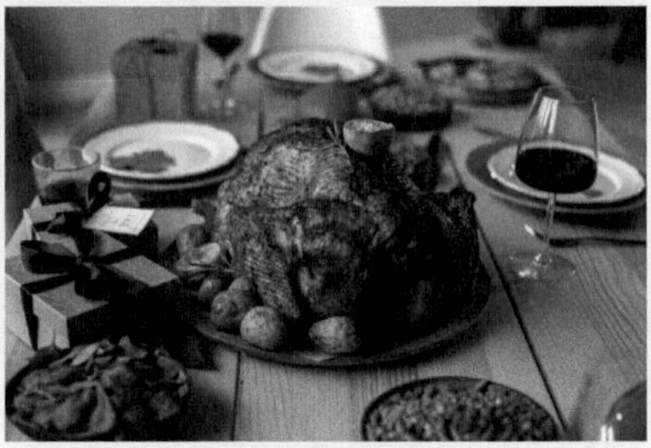

图6-49

Step 04 执行“图像＞调整＞照片滤镜”命令，打开“照片滤镜”对话框，选择“滤镜”选项，在下拉列表中选择“Warming Filter（85）”选项，此时对话框中各参数如图6-50所示。

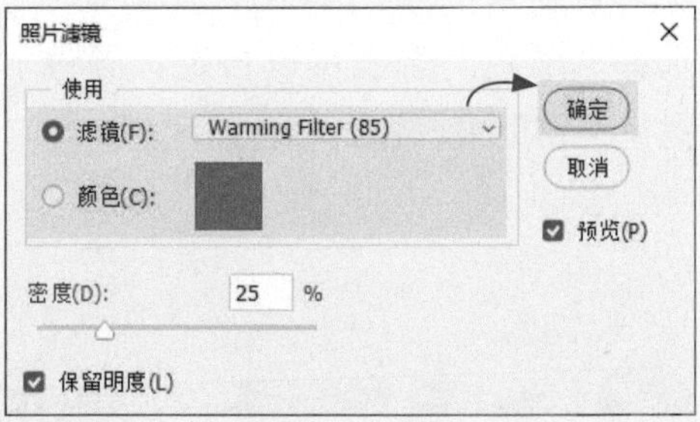

图6-50

Step 05 单击“确定”按钮，效果如图6-51所示。

Step 06 执行“图像＞调整＞色相／饱和度”命令，打开“色相／饱和度”对话框，选择预设为“强饱和度”，此时对话框中各参数如图6-52所示。

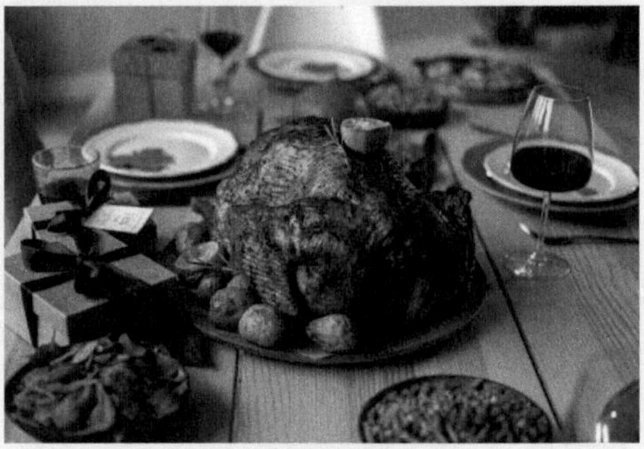

图6-51

Step 07 完成后单击“确定”按钮，效果如图6-53所示。

Step 08 执行“图像＞调整＞亮度／对比度”命令，打开“亮度／对比度”对话框，设置如图6-54所示的亮度和对比度，提亮照片，降低对比度。

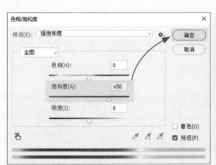

图6-52

图6-53

Step 09 完成后单击"确定"按钮，查看图像效果如图6-55所示。至此，完成食物照片的调色操作。

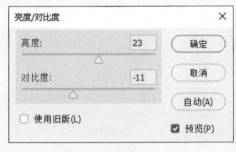

图6-54

图6-55

6.2.9 反相

　　"反相"命令可以将图像中的颜色替换为相应的补色，制作出负片效果。执行"图像 > 调整 > 反相"命令，或按Ctrl + I组合键即可反相图像。如图6-56、图6-57所示为执行"反相"命令前后对比效果。

图6-56

图6-57

6.2.10 色调分离

"色调分离"命令可以简化图像中有丰富色阶渐变的颜色，从而让图像呈现出木刻版画或卡通画的效果。如图6-58、图6-59所示为调整前后对比效果。

▶图6-58

▶图6-59

执行"图像 > 调整 > 色调分离"命令，打开"色调分离"对话框，如图6-60所示。在该对话框中用户可以对色阶值进行设置。色阶值越小，图像色彩变化越强烈；色阶值越大，色彩变化越轻微。

▶图6-60

6.2.11 阈值

"阈值"命令可以将灰度或彩色图像转换为高对比度的黑白图像。所有比阈值亮的像素转换为白色；而所有比阈值暗的像素转换为黑色，如图6-61、图6-62所示。

▶图6-61

▶图6-62

执行"图像 > 调整 > 阈值"命令，打开"阈值"对话框，如图6-63所示。在该对话框中设置阈值色阶参数或调整滑块位置即可设置阈值色阶。

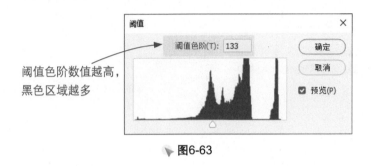

阈值色阶数值越高，黑色区域越多

▶ 图6-63

6.2.12　渐变映射

"渐变映射"命令可以将相等的图像灰度范围映射到指定的渐变填充色。即在图像中将阴影映射到渐变填充的一个端点颜色，高光映射到另一个端点颜色，而中间调映射到两个端点颜色之间，如图6-64、图6-65所示为调整前后对比效果。

▶ 图6-64

▶ 图6-65

执行"图像 > 调整 > 渐变映射"命令，打开如图6-66所示的"渐变映射"对话框。单击渐变颜色条，可打开如图6-67所示的"渐变编辑器"对话框设置渐变以确立渐变颜色。

> ❶ 注意事项
>
> "渐变映射"命令不能应用于完全透明的图层。

单击

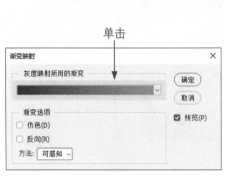

▼图6-66

▼图6-67

6.2.13 可选颜色

　　"可选颜色"命令可以校正颜色的平衡，选择某种颜色范围进行针对性的修改，在不影响其他原色的情况下修改图像中的某种原色的数量。如图6-68、图6-69所示为调整图像中黄色的前后对比效果。

▼图6-68　　　　　　　　　　　　　　　　▼图6-69

　　执行"图像>调整>可选颜色"命令，打开如图6-70所示的"可选颜色"对话框。在该对话框中，"颜色"选项可以选择要修改的颜色；"方法"选项可以设置调整颜色的方式，其中，选择"相对"将根据颜色总

选择指定颜色调整

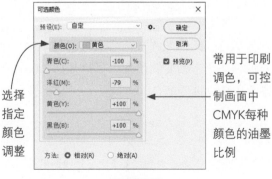

常用于印刷调色，可控制画面中CMYK每种颜色的油墨比例

▼图6-70

量的百分比来调整该颜色中印刷色的数量，选择"绝对"将按照绝对值调整颜色。

6.2.14　阴影／高光

"阴影／高光"命令可以使图像中阴影或高光的像素色调增亮或变暗，非常适合校正强逆光而形成剪影的照片，也适合校正由于太接近相机闪光灯而有些发白的焦点。如图6-71、图6-72所示为调整前后效果。

▼图6-71

▼图6-72

执行"图像 > 调整 > 阴影／高光"命令，打开如图6-73所示的"阴影／高光"对话框，其中部分常用选项作用如下。

① **阴影**：用于调整阴影的亮度，数值越大，阴影区域越亮。

② **高光**：用于调整高光的亮度，数值越大，高光区域越暗。

③ **调整**："颜色"用于调整图像颜色；"中间调"用于调整中间调中的对比度；"修剪黑色"和"修剪白色"则指定在图像中会将多少阴影和高光剪切到新的阴影和高光中，值越大，生成的图像的对比度越大。

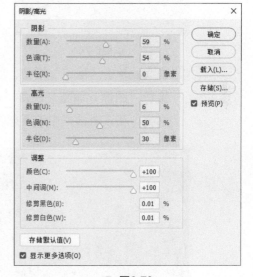

▼图6-73

上手实操：**春去秋来**

　　时间的流逝不受控制，但是我们可以记录下美好的瞬间，再通过Photoshop中的调色命令，获得想要的效果。下面就以不同季节道路色调的调整为例，介绍阴影/高光、可选颜色等命令的应用。

Step 01 ▶ 打开本章素材文件"道路.jpg"，如图6-74所示。按Ctrl+J组合键复制一层。

Step 02 ▶ 执行"图像>调整>曲线"命令，打开"曲线"对话框，单击"在图像中取样以设置白场"🖊按钮，在图像中最白的位置单击，定义白场，如图6-75所示为调整后的曲线效果。

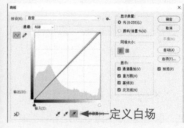

▶图6-74　　　　　　　　　　　　▶图6-75

Step 03 ▶ 完成后单击"确定"按钮，效果如图6-76所示。

Step 04 ▶ 执行"图像>调整>阴影/高光"命令，打开"阴影/高光"对话框，在该对话框中设置如图6-77所示参数，提亮阴影。

▶图6-76　　　　　　　　　　　　▶图6-77

Step 05　完成后单击"确定"按钮，效果如图6-78所示。

Step 06　执行"图像>调整>可选颜色"命令，打开"可选颜色"对话框，在"颜色"下拉列表中选择红色，设置如图6-79所示的参数，调整图像中的红色。

调整红色

图6-78　　　　　图6-79

Step 07　继续选择黄色，设置如图6-80所示的参数，调整图像中的黄色。

Step 08　选择绿色，设置如图6-81所示的参数，调整图像中的绿色。

Step 09　完成后单击"确定"按钮，效果如图6-82所示。至此，完成不同季节道路色调的调整。

调整黄色

图6-80

调整绿色

图6-81　　　　　图6-82

6.2.15　去色

"去色"命令可以去掉图像的颜色，将图像中所有颜色的饱和度变为0，使图像显示为灰度，但不改变图像的颜色模式。执行"图像 > 调整 > 去色"命令或按Shift + Ctrl + U组合键，即可去掉图像颜色，如图6-83、图6-84所示为去色前后对比效果。

▼图6-83　　　　　　　　　　　　　　　　▼图6-84

6.2.16　匹配颜色

"匹配颜色"命令可以将一个图像中的颜色与另一个图像的颜色进行匹配，仅适用于RGB模式。如图6-85、图6-86所示为调整前后对比效果，图6-87为匹配的图像。

▼图6-85　　　　　　　　▼图6-86　　　　　　　　▼图6-87

执行"图像 > 调整 > 匹配颜色"命令，打开如图6-88所示的"匹配颜色"对话框。该对话框中部分常用选项作用如下。

◆ 中和：选择该选项后可以使颜色匹配的混合效果有所缓和，在最终效果中将保留一部分原先的色调，使其过渡自然，效果逼真。

◆ 源：用于选择匹配图像所在的文档。

◆ 图层：用于选择匹配颜色图像所在的图层。

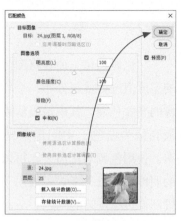

▼图6-88

6.2.17 替换颜色

"替换颜色"命令可以使用其他颜色替换图像中的某个区域的颜色，来调整色相、饱和度和明度值。简单来说，"替换颜色"命令结合了"色彩范围"和"色相/饱和度"命令的功能。如图6-89、图6-90所示为替换颜色前后对比效果。

▼图6-89

执行"图像 > 调整 > 替换颜色"命令，打开"替换颜色"对话框，如图6-91所示。在该对话框中使用吸管选取要替换颜色的区域，调整色相、饱和度和明度参数，完成后单击"确定"按钮即可。

▼图6-90

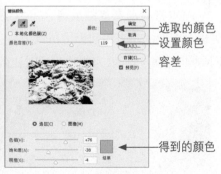

▼图6-91

6.2.18 色调均化

"色调均化"命令将图像中像素的亮度值进行重新分布，平均整个图像的亮度色调。其中最暗值为黑色，最亮值为白色，中间像素则均匀分布。使用色调均化命令，可以让画面的明度感得以平衡。一般用于处理扫描图像过于灰暗的问题。

> **⚠ 注意事项**
>
> 若图像中存在选区，执行"图像＞调整＞色调均化"命令后，将打开"色调均化"对话框，在该对话框中，若勾选"仅色调均化所选区域"选项，则仅均化选区内的像素；若勾选"基于所选区域色调均化整个图像"选项，则基于选区对整个图像进行均化。

执行"图像＞调整＞色调均化"命令，即可调整图像色调，如图6-92、图6-93所示为调整前后对比效果。

▼图6-92

▼图6-93

6.2.19 HDR色调

HDR指高动态范围成像，可以展现更大的明暗差别。"HDR色调"命令可以对图像的高光和阴影进行调节，且保留明显的细节，使图像肌理鲜明。如图6-94、图6-95所示为调整前后对比效果。

▼图6-94

▼图6-95

执行"图像 > 调整 > HDR色调"命令，打开如图6-96所示的"HDR色调"对话框。在该对话框中设置参数后单击"确定"按钮，即可应用调整效果。

执行该命令后，软件会自动设置参数进行调整，用户保持默认设置即可

▼ 图6-96

 # 6.3 调整图层

调整图层是一类特殊的图层，该类型图层可作用于位于其下的所有图层，用户可以通过调整图层调整图像的色彩色调，而不破坏原始图像；还可通过蒙版调整图像的某一区域。

6.3.1 创建调整图层

调整图层具有与普通图层相同的不透明度和混合模式选项。用户可以重新排列、删除、隐藏和复制调整图层。

单击"图层"面板底部的"创建新的填充或调整图层" ◯. 按钮，在弹出的快捷菜单中选择相应的调整图层，即可创建调整图层，如图6-97、图6-98所示为创建"色相 / 饱和度"调整图层的效果。创建的调整图层默认具有图层蒙版，用户可以通过蒙版设置调整图层影响的区域。

执行"色相 / 饱和度"命令

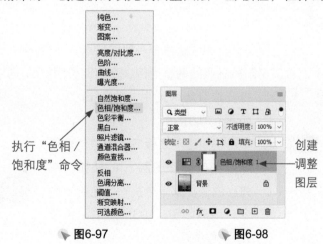

创建调整图层

▼ 图6-97　　　▼ 图6-98

6.3.2　编辑调整图层

创建调整图层后，需要在"属性"面板中对调整图层的属性进行设置。选中"图层"面板中的调整图层，执行"窗口>属性"命令，打开如图6-99所示的"属性"面板，在该面板中设置参数，即可改变该图层下方图像图层的效果，如图6-100、图6-101所示为调整前后效果。

不同调整图层的"属性"面板选项也有所不同，用户可以根据相应调整命令对话框中的选项进行设置。

▼图6-99

▼图6-100

▼图6-101

上手实操：夕阳西下

▶扫一扫　看视频◀

调整图层具有和调整命令一致的特点，在使用时，调整图层更便于调整。下面就以夕阳风景照的调整为例，介绍调整图层的应用。

Step 01 ▶　打开本章素材文件"风景.jpg"，如图6-102所示。

Step 02 ▶　单击"图层"面板底部的"创建新的填充或调整图层" ◉ 按钮，在弹出的快捷菜单中执行"色阶"命令，创建如图6-103所示的"色阶1"调整图层。

▼图6-102

Step 03 选中"色阶1"调整图层，在"属性"面板中选中红通道，设置如图6-104所示的参数，提亮中间调和高光区域的红色。

Step 04 选择绿通道，设置如图6-105所示的参数，提亮高光区域的绿色。

创建调整图层

图6-103

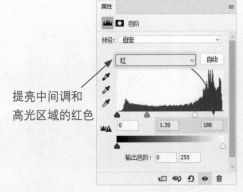

提亮中间调和高光区域的红色

图6-104

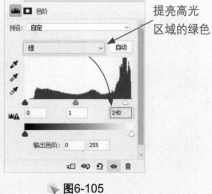

提亮高光区域的绿色

图6-105

Step 05 选择蓝通道，设置如图6-106所示的参数，压暗中间调区域的蓝色。

Step 06 此时，画面中的效果如图6-107所示。至此，完成夕阳色调的调整。

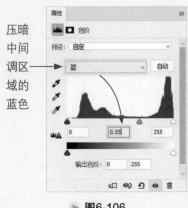

压暗中间调区域的蓝色

图6-106

图6-107

拓展练习：风景调色

在日常生活中，受限于光线、环境等因素的影响，我们常常无法获得想要的图像效果，此时就需要通过软件对图像色调进行二次调整。下面就以照片色调的调整为例，介绍图像色调的调整，调整后效果如图6-108所示。

Step 01 ▷ 打开本章素材文件"枯枝.jpg"，如图6-109所示。可以看到当前图像比较杂乱，没有重点，颜色也非常浑浊。

Step 02 ▷ 选择"裁剪工具"，在选项栏中设置比例为16：9，裁剪图像，如图6-110所示。

调整裁选区

◤ 图6-108   ◤ 图6-109   ◤ 图6-110

Step 03 ▷ 单击"图层"面板底部的"创建新的填充或调整图层" ◑ 按钮，在弹出的快捷菜单中执行"亮度／对比度"命令，创建"亮度／对比度1"调整图层，在"属性"面板中设置如图6-111所示的参数，提亮图像，增加对比度。

Step 04 ▷ 调整后图像效果如图6-112所示。

Step 05 ▷ 新建"照片滤镜1"调整图层，在"属性"面板中设置如图6-113所示的参数，添加蓝色滤镜。

提高亮度和对比度

◤ 图6-111

Step 06　调整后图像效果如图6-114所示。

Step 07　新建"曲线1"调整图层，在"属性"面板中设置蓝通道和RGB通道参数，如图6-115、图6-116所示，提亮蓝色高光区域，压暗全图。

图6-112

图6-113

提高蓝色　　　　　压暗全图

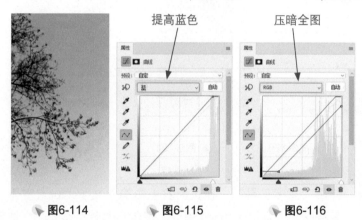

图6-114　　　　图6-115　　　　图6-116

Step 08　调整后效果如图6-117所示。

Step 09　新建"色相／饱和度1"调整图层，在"属性"面板中设置如图6-118所示的参数，向蓝色方向调整色相，并增加饱和度。调整后图像效果如图6-119所示。

添加蓝色，增加饱和度

图6-117　　　　图6-118　　　　图6-119

Step 10 新建"色阶1"调整图层，在"属性"面板中设置如图6-120所示的红通道参数，压暗红色中间调区域。调整后图像效果如图6-121所示。

Step 11 按Ctrl + Shift + Alt + E组合键盖印图层。新建"曲线2"调整图层，在"属性"面板中设置如图6-122所示的蓝通道曲线，压暗蓝色高光区域。

压暗红色中间调   压暗蓝色高光

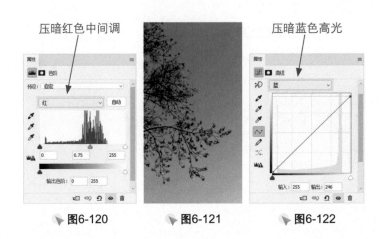

图6-120   图6-121   图6-122

Step 12 使用"文字工具"，在页面右上角输入文字，设置字体为"演示夏行楷"，字体大小为150点，颜色为白色。至此，完成风景图像色调的调整。

↑ 自我提升

1. 恐怖照片

▶扫一扫 看视频◀

不同色调的照片会给人带来不同的感觉，如红色会让我们感到热情，蓝色会让我们感到冷静，黑色让我们感到庄严肃穆。在Photoshop中，用户可以通过命令对照片色调进行调整，从而得到我们需要的效果。下面请结合通道混合器、照片滤镜、色阶等命令，制作如图6-123所示的恐怖照片效果。

▼图6-123

2. 怀旧照片

▶扫一扫　看视频◀

简单的调色命令就可以使图像展现不一样的风采。一般来说，怀旧照片给我们的视觉印象就是低饱和、偏黄。下面请结合色阶、色彩平衡等命令，制作如图6-124所示的怀旧照片效果。

▼图6-124

第 7 章

画龙点睛解内涵——
文本的应用

文本可以更好地揭示设计作品的主题，传达创作者的情感。在 Photoshop 中，用户可以通过文字工具和文字蒙版工具创建文本，通过"字符"面板和"段落"面板调整文本。本章将重点对文本的应用知识进行介绍。

7.1 创建文本

　　文字是设计中一个非常重要的元素，它可以帮助观众更快速地了解图像信息。在Photoshop中，用户可以通过不同的文字工具，在图像上添加文本信息。

7.1.1 文字工具

　　Photoshop中包括四种文字工具："横排文字工具" **T**、"直排文字工具" **IT**、"直排文字蒙版工具" **IT** 和"横排文字蒙版工具" **T**。其中，"横排文字工具" **T** 和"直排文字工具" **IT** 可以创建横向或竖向排列的文本，"直排文字蒙版工具" **IT** 和"横排文字蒙版工具" **T** 可以创建文字选区。

　　选择文字工具后，可在选项栏中对其属性参数进行设置。如图7-1所示为"横排文字工具" **T** 选项栏。

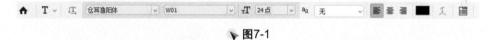

▶ 图7-1

　　该选项栏中各选项作用如下。

　　① **更改文本方向** ⊥：用于设置文本在横排和直排之间的转换。

　　② **字体** 仓耳渔阳体：用于设置文字字体。

　　③ **设置字体样式** W01：用于设置文字的粗细。

　　④ **设置字体大小** 24点：用于设置文字的字体大小，默认单位为点，即像素。

　　⑤ **设置消除锯齿的方法** 无：用于设置消除文字锯齿的模式。

　　⑥ **对齐按钮组** 用于快速设置文字对齐方式，从左到右依次为"左对齐""居中对齐"和"右对齐"。

　　⑦ **设置文本颜色** ■：单击该按钮，即可打开"拾色器"对话框设置字体颜色。

　　⑧ **创建文字变形** ⊥：单击该按钮，即可打开"变形文字"对话框设置字体变形。

　　⑨ **切换字符和段落面板** ▤：单击该按钮可快速打开"字符"面板和"段落"面板，以便对输入的文字进行设置。

7.1.2 创建文本

Photoshop中，文字分为三种类型：点文本、段落文本及路径文本。点文本是水平或垂直的文字，使用文字工具在图像编辑窗口中单击输入的文字即为点文本；段落文本具有边界，用户可在边界围住的文本框中输入文字；路径文本是指沿着开放或封闭的路径边缘流动的文字。

（1）创建点文本

当需要在图像中添加少量文字时，就可以选择创建点文本。选中文字工具，在选项栏中设置文字的字体和字号，然后在图像编辑窗口中合适位置单击，此时在图像中出现相应的文本插入点，输入文字即可。如图7-2、图7-3所示为使用"横排文字工具" T 创建的点文本前后的效果。

> **！注意事项**
>
> 文本不会自动换行，输入的文字越多，文字行越长。若想换行，移动鼠标光标至要换行的位置，按Enter键即可。

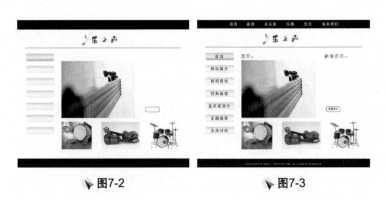

▶ 图7-2   ▶ 图7-3

文字输入完成后，若想退出文字编辑状态，单击选项栏中的 ✓ 按钮或按Ctrl + Enter组合键即可。用户也可以选择切换其他工具或在"图层"面板中文字图层上单击结束输入。

> **经验之谈** 在输入文字时，若输入文字有误或需要更改文字，可按退格键将输入的文字逐个删除，或者单击属性栏中的"取消所有当前编辑" ⊘ 按钮，取消文字的输入。

（2）创建段落文本

段落文本适用于需要输入较多文字的情况。与点文本相比，段落文本会基于文本框的尺寸自动换行。

　　单击工具箱中的"横排文字工具" **T**
按钮，在图像编辑窗口中的合适位置按住
鼠标拖拽绘制文本框，文本插入点会自动
插入到文本框前端，然后在文本框中输入
文字，当文字到达文本框的边界时会自动

换行，如图7-4、图7-5所示为输入段落文本前后的效果。如果文字需要分段，
按Enter键即可。

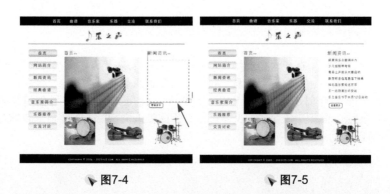

▷ 图7-4　　　　　　　　　　　▷ 图7-5

　　若输入的文字过多超出文本框范围，会导致文字内容不能完全显示在文本
框中，此时可以将鼠标指针移动到文本框四周的控制点上拖动鼠标调整文本框
大小，使文字全部显示在文本框中。

（3）创建路径文本

　　路径文本沿着路径排列，改变路径形
状时，文字的排列也会随之变化。

　　创建路径文本之前，需要先在图像中
添加路径，如图7-6所示为绘制的一段开
放路径。选择"横排文字工具" **T**，移动
鼠标至路径上，待鼠标变为 状时，单
击鼠标左键，输入文字，即可创建如图
7-7所示的路径文本。

　　单击工具箱中的"路径选择工具"
或"直接选择工具"，将鼠标移动至路
径文本上，待鼠标变为 状时，按住鼠标

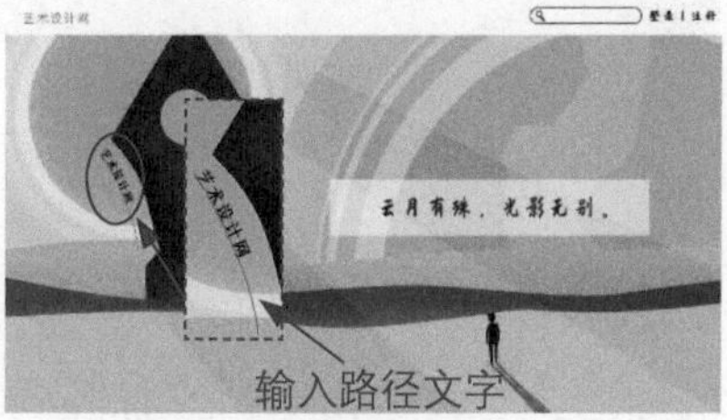

创建路径

▷ 图7-6

输入路径文字

▷ 图7-7

拖拽，即可移动文字起始位置（如图7-8所示）。按住鼠标左键向路径的另一侧拖拽，待鼠标变为↕状时，可将文字翻转至路径另一侧（如图7-9所示）。

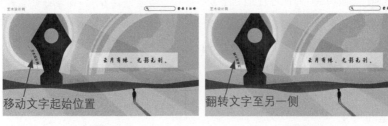

移动文字起始位置

▶图7-8

翻转文字至另一侧

▶图7-9

若路径为闭合路径，还可在路径内部创建区域路径文本。

经验
之谈

文字工具组中还包含"直排文字蒙版工具"↓T和"横排文字蒙版工具"T两种工具。通过这两种工具，可以沿文字边缘创建文字选区，如图7-10、图7-11所示为创建文字蒙版前后对比效果。使用文字蒙版工具创建选区时，"图层"面板中不会生成文字图层，因此输入文字后，不能再编辑输入文字内容。

▶图7-10

▶图7-11

文字蒙版工具与文字工具的区别在于，使用它可以创建未填充颜色的以文字为轮廓边缘的选区。用户可以为文字型选区填充渐变颜色或图案，以便制作出更丰富的文字效果。

✎ 上手实操：添加照片信息

▶扫一扫 看视频◀

分享照片时，我们常常会选择在图像上添加一定的信息，如打上属于自己的标记。下面将以照片信息的添加为例，介绍文本的创建。

Step 01 打开本章素材文件"建筑.jpg"，如图7-12所示。按Ctrl＋J组合键复制一层。

Step 02 单击工具箱中的"横排文字工具"**T**，在选项栏中设置字体为"演示秋鸿楷"，字号为36点，对齐方式为左对齐，在图像编辑窗口中如图7-13所示位置单击并输入文字。

▼图7-12　　　　　　　▼图7-13

Step 03 单击工具箱中的"自定形状工具"🖉，在选项栏中设置填充为白色，描边为无，选择如图7-14所示的形状。

Step 04 在文字左侧如图7-15所示位置按住鼠标拖动绘制形状。至此，完成照片信息的添加。

选择形状

拖拽绘制形状

▼图7-14　　　　　　　▼图7-15

7.2 编辑文本

创建文字后，还可以选中文字对其进行编辑操作，使画面充满艺术性，更能展现出要表达的主题。

7.2.1 "字符"面板

"字符"面板中可以对文字的字体、字号、行
间距、竖向缩放、横向缩放、比例间距、字符间距
和字体颜色等进行精确的设置。执行"窗口 > 字
符"命令，打开如图7-16所示的"字符"面板。

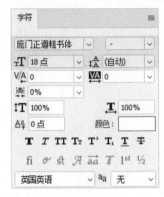

▶图7-16

该面板中部分常用选项作用如下。

① **搜索和选择字体**：用于选择需要的字体。

② **设置字体大小** ：用于设置字体大小。

③ **设置行距** ：用于设置文字行之间的间距。

④ **两个字符间的字距微调** ：用于增加或减
少特定字符与字符之间的间距。

⑤ **所选字符的字距调整** ：用于放宽或收紧选定文本或整个文本块中字
符之间的间距，如图7-17、图7-18所示为不同间距的效果。

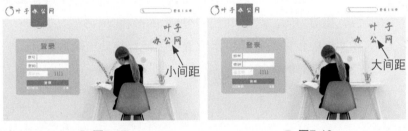

▶图7-17   ▶图7-18

⑥ **设置所选字符的比例间距** ：按指定的百分比值压缩字符周围的空
间，字符本身并不会被伸展或挤压。字符两侧的间距按相同的百分比减小，百
分比越大，字符间压缩得就越紧密。

⑦ **垂直缩放** ：用于设置文字垂直缩放比例，即文字高度。

⑧ **水平缩放** ：用于设置文字水平缩放比例，即文字宽度。

⑨ **设置基线偏移** ：用于设置文字在默认高度基础上向上（正）或向下
（负）偏移。

⑩ **颜色**：用于设置文字颜色。

⑪ **设置文字样式** ：用于设置文字样式，单击相应按钮即
可为文字添加一定的特殊效果。从左到右依次为仿粗体、仿斜体、全部大写字
母、小型大写字母、上标、下标、下划线和删除线。

⑫ **设置消除锯齿的方法**：用于设置消除锯齿的方法，包括“无”“锐利”“犀利”“平滑”“浑厚”五种。

7.2.2 “段落”面板

“段落”面板中可以对段落的属性进行设置，如对齐、缩进等。执行“窗口 > 段落”命令，即可打开如图7-19所示的“段落”窗口。该面板中部分常用选项作用如下。

图7-19

① **对齐方式按钮组**：用于设置段落对齐方式，从左到右依次为“左对齐文本”“居中对齐文本”“右对齐文本”“最后一行左对齐”“最后一行居中对齐”“最后一行右对齐”“全部对齐”。

② **缩进方式按钮组**：“左缩进”按钮用于设置段落文本向右（横排文字）或向下（直排文字）的缩进量；“右缩进”按钮用于设置段落文本向左（横排文字）或向上（直排文字）的缩进量；“首行缩进”按钮用于设置首行缩进量。

③ **添加空格按钮组**：“段前添加空格”和“段后添加空格”按钮用于设置段落与段落之间的间隔距离。

④ **避头尾法则设置**：用于将换行集设置为宽松或严格。

⑤ **间距组合设置**：用于设置内部字符集间距。

⑥ **连字**：勾选该复选框可将文字的最后一个英文单词拆开，形成连字符号，而剩余的部分则自动换到下一行。

7.2.3 文字变形

变形文字可以使文字在垂直和水平方向上发生改变，使其效果更加多样化。创建文字后，在文字工具的选项栏中单击“创建文字变形”按钮或执行“文字 > 文字变形”命令，即可打开如图7-20所示的“变形文字”对话框。该对话框中各选项作用如下。

① **样式**：用于设置文字变形样式，包括扇形、下弧、上弧、拱形、凸

起、贝壳、花冠、旗帜、波浪、鱼形、增加、鱼眼、膨胀、挤压和扭转等。

② **水平／垂直：** 用于调整变形文字的方向。

③ **弯曲：** 用于指定对图层应用的变形程度。

④ **水平扭曲：** 用于设置文字在水平方向上的扭曲程度。

⑤ **垂直扭曲：** 用于设置文字在垂直方向上的扭曲程度。

▼ 图7-20

7.2.4 转换文字类型

在输入文字的过程中，为了更方便地对文字属性等进行编辑，可以选择将点文本转换为段落文本或将段落文本转换为点文本。

选中文字后，根据其类型，执行"文字 > 转换为段落文本"命令或执行"文字 > 转换为点文本"命令，在弹出的提示对话框中单击"确定"按钮，即可转换文字类型。

7.2.5 将文本转换为路径

在Photoshop中，用户可以将文本转换为路径，以便对文字外观进行更多的设计与编辑，呈现出更多的效果。选中输入的文字，右击鼠标，在弹出的快捷菜单中执行"创建工作路径"命令或执行"文字 > 创建工作路径"命令，即可将文字转换为文字形状的路径，如图7-21、图7-22所示为转换前后对比效果。

▼ 图7-21

将文本转换为路径

▼ 图7-22

转换为工作路径后，可以使用"直接选择工具" ▷ 调整文字路径，还可以将路径转换为选区，制作更丰富的效果。

将文字转换为工作路径后，原文字图层保持不变并可继续进行编辑。

上手实操：趣味文字

扫一扫 看视频

在设计平面作品时，常常可以见到多种多样的文字造型。下面将以毛绒文字的制作为例，介绍文字的编辑。

Step 01 ▶ 打开本章素材文件"背景.jpg"，如图7-23所示。

Step 02 ▶ 单击工具箱中的"横排文字工具" **T**，在选项栏中设置字体为"资源圆体"，字号为120点，颜色为浅棕（#e9d7c9），在图像编辑窗口中如图7-24所示位置单击并输入文字。

▼图7-23

▼图7-24

Step 03 ▶ 选中输入的文字，右击鼠标，在弹出的快捷菜单中执行"创建工作路径"命令，将文字转换为如图7-25所示文字形状的路径。

Step 04 ▶ 新建图层，在工具箱中设置前景色为浅棕（#e9d7c9），选择"画笔工具" ✎，单击选项栏中的"切换画笔设置面板" ☑ 按钮，打开"画笔设置"面板，在该面板中选择如图7-26所示的笔刷，并调整画笔的间距及大小。

将文本转换为路径

▼图7-25

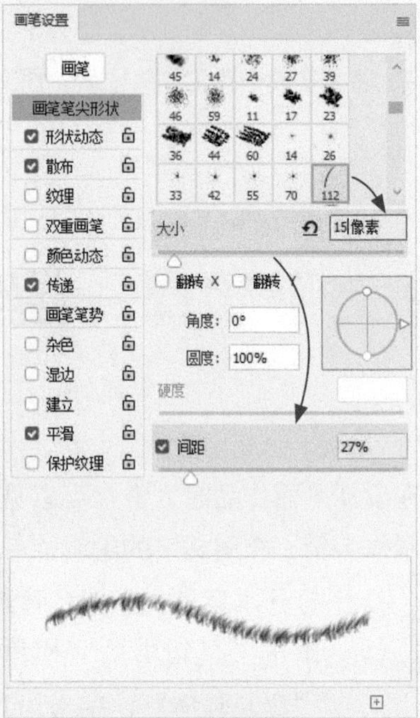

▼图7-26

Step 05 选择新建的图层，选择路径
工具，在图像编辑窗口中右
击鼠标，在弹出的快捷菜单
中执行"描边路径"命令，
打开"描边路径"对话框，设置如图7-27所示的参数。

Step 06 单击"确定"按钮，效果如图7-28所示。

❗ **注意事项**

用户还可以在文字图层上添加蒙版，擦除边缘，使过渡更加自然。

选择画笔工具

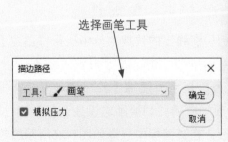

▼图7-27

描边路径

▼图7-28

Step 07　重复一次，效果如图7-29所示。

至此，完成毛绒文字效果的制作，如图7-30所示。

▶图7-29

▶图7-30

拓展练习：鲜橙海报

　　文字可以很好地揭示平面设计作品的主题，使内容简单明了。在制作鲜橙海报的过程中，用户可以通过文字更好地描述产品，结合橙子图像介绍产品，制作效果如图7-31所示。

Step 01　新建A4大小的空白文档，设置前景色为青绿色（#3b979a），按Alt＋Delete组合键填充如图7-32所示的前景色。

Step 02　新建图层，使用"多边形套索工具" 创建选区，设置前景色为橙色（#fb8700），按Alt＋Delete组合键填充如图7-33所示的前景色。

Step 03　执行"文件>置入嵌入对象"命令，置入本章素材文件"橙.jpg"，如图7-34所示。

▶图7-31

183

▼ 图7-32　　　　　　　▼ 图7-33　　　　　　　▼ 图7-34

Step 04 ▶ 使用"对象选择工具"▣ 分别选择几个橙子，按Ctrl + J组合键复制至新图层，隐藏置入的"橙"图层，如图7-35、图7-36所示为复制和隐藏后的效果。

Step 05 ▶ 分别选中图像编辑窗口中的橙子，按Ctrl + T组合键自由变换，调整至合适大小与位置，按Alt键拖拽复制，调整图层顺序，完成后效果如图7-37所示。

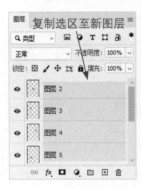  

▼ 图7-35　　　　　　　▼ 图7-36　　　　　　　▼ 图7-37

Step 06 ▶ 选中最中间带有枝叶的橙子，在"图层"面板中双击其图层空白处，打开"图层样式对话框"，设置如图7-38所示的投影参数，在橙子四周创建均匀的投影。

Step 07 ▶ 完成后单击"确定"按钮，效果如图7-39所示。

Step 08 ▶ 选中添加图层样式的图层，在"图层"面板中右击鼠标，在弹出的快捷菜单中执行"拷贝图层样式"命令，选择与该橙子紧挨的橙子图层，右击鼠标，在弹出的快捷菜单中执行"粘贴图层样式"命令，粘贴图层样式，效果如图7-40所示。

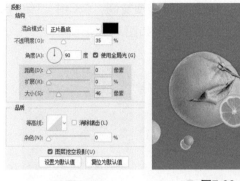

拷贝图层样式

▼ 图7-38　　　　　▼ 图7-39　　　　　▼ 图7-40

Step 09 单击工具箱中的"横排文字工具" **T** ，在选项栏中设置字体为 "庞门正道粗书体"，字号为96点，颜色为深青绿色（# 136467），在图像编辑窗口中如图7-41所示位置单击并输入文字。

Step 10 选择该图层，按Ctrl＋J组合键复制，设置颜色为白色，使用键盘 上的方向键轻移文字位置，移动后效果如图7-42所示。

Step 11 选择下方的文字图层，执行"滤镜＞模糊＞动感模糊"命令，在 弹出的提示对话框中选择"转换为智能对象"按钮，打开"动感 模糊"对话框设置角度和距离参数，如图7-43所示，创建动感模 糊的效果。

添加动感模糊

▼ 图7-41　　　　　▼ 图7-42　　　　　▼ 图7-43

Step 12 完成后单击"确定"按钮，效果如图7-44所示。

Step 13 选中白色文字图层，单击"图层"面板中的"添加图层蒙版" 按钮，创建图层蒙版，使用"多边形套索工具" 创建选区，按 Alt＋Delete组合键填充前景色，按Ctrl＋D组合键取消选区，隐藏 如图7-45所示的部分文字。

Step 14 选中切开的橙子图层，按住Alt键拖拽复制，按Ctrl＋T组合键调整至合适大小，调整图层顺序后效果如图7-46所示。

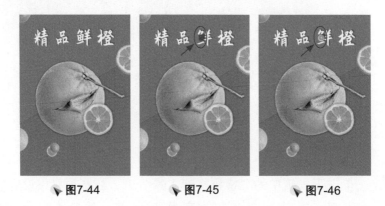

▼图7-44   ▼图7-45   ▼图7-46

Step 15 单击工具箱中的"横排文字工具"**T**，在选项栏中设置字体为"仓耳渔阳体"，字体样式为W03，字号为16点，颜色为白色，在图像编辑窗口中如图7-47所示位置单击并输入文字。

Step 16 使用"矩形工具"□ 绘制如图7-48所示的圆角矩形，在选项栏中设置填充为无，描边为白色，粗细为3像素。

Step 17 继续使用"横排文字工具"**T** 输入如图7-49所示的文字，在"字符"面板中设置字体为"仓耳渔阳体"，字体样式为W04，字号为18点，行距为30点，颜色为白色。

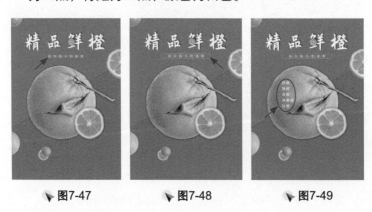

▼图7-47   ▼图7-48   ▼图7-49

Step 18 选择"横排文字工具"**T**，按住鼠标在图像编辑窗口底部如图7-50所示位置拖拽绘制文本框。

Step 19 在选项栏中设置字体为"仓耳渔阳体"，字体样式为W03，字号为16点，颜色为白色，居中对齐文本，在文本框中输入文字，按

Enter键换行。选择
"橙子"两字设置字
号为30点，效果如图
7-51所示。

Step 20 选中段落文本，在
"字符"面板中设置
行距为36点，调整橙
子位置。至此，完成
鲜橙海报的制作。

▼ 图7-50　　　　▼ 图7-51

↑ 自我提升

▶扫一扫　看视频◀

1. 文具网页

网页中经常会使用到文字，对网页内容进行概括
与叙述，帮助观众更好地理解网站。下面请综合文字、
绘图工具等知识，制作文具网站首页，如图7-52所示。

▼ 图7-52　　　　▼ 图7-53

2. 旅行社网页

▶扫一扫　看视频◀

制作旅行社网站时，不可避免地会对一些景点、
路线进行文字介绍，如何使文字在网页中更加精炼整
洁，是需要设计者注意的问题。下面请综合文字的相
关知识点，制作旅行社网页，如图7-53所示。

第 8 章

相得益彰得妙用——
通道的应用

通道依附于图像存在，可以影响图像的显示效果，不同颜色模式的图像通道数量也有所不同。在 Photoshop 中，用户可以利用通道功能，制作出更加丰富的图像效果。

8.1 创建通道

通道是存储不同类型信息的灰度图像，它可以帮助用户调整颜色、储存选区，从而制作出更加丰富的图像效果。

8.1.1 "通道"面板

通道的大部分操作都通过"通道"面板实现，执行"窗口 > 通道"命令，即可打开如图8-1所示的"通道"面板。

在通道面板中，各选项的作用介绍如下。

① **指示通道可见性** ◉：用于显示或隐藏通道。

② **将通道作为选区载入** ○：单击该按钮可将当前通道转换为选区。缩略图中白色部分表示选区之内，黑色部分表示选区之外，灰色部分则是半透明效果。

③ **将选区存储为通道** ▢：单击该按钮可将选区保存到新建的Alpha通道中，方便后续使用。

④ **创建新通道** ▦：用于创建一个空白的Alpha通道，通道显示为全黑色。

⑤ **删除当前通道** 🗑：用于删除当前选中的通道。

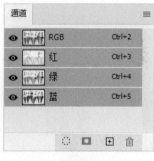

▼图8-1

经验之谈

执行"编辑 > 首选项 > 界面"命令，在打开的"首选项"对话框中选择"用彩色显示通道"复选框，可以如图8-2所示以各通道的原色显示相应的通道。

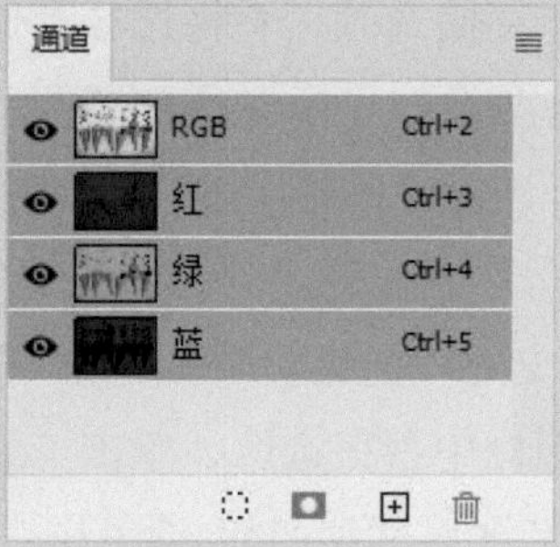

▼图8-2

8.1.2 通道类型

Photoshop中图像默认由颜色通道组成，除了颜色通道外，用户还可以通过Alpha通道和临时通道处理选区，通过专色通道处理颜色信息。下面将对此进行详细介绍。

（1）颜色通道

颜色通道是用于描述图像色彩信息的彩色通道，图像的颜色模式决定了通道的数量。每个单独的颜色通道都是灰度图像，仅代表这个颜色的明暗变化。

Photoshop会根据图像的颜色模式自动生成颜色通道，颜色通道的数量和图像的颜色模式有关。在RGB颜色模式下，"通道"面板中显示如图8-3所示的RGB、红、绿、蓝四个通道。在CMYK模式下"通道"面板中显示如图8-4所示的CMYK、青色、洋红、黄色、黑色五个通道。

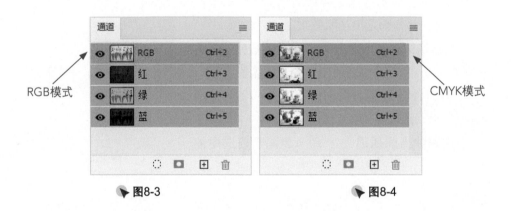

RGB模式

CMYK模式

▶ 图8-3　　　　　　　　　　　　　▶ 图8-4

（2）Alpha通道

Alpha通道主要用于存储选区，它将选区存储为"通道"面板中可编辑的灰度蒙版，并不会影响图像的显示和印刷效果。通道相当于一个8位的灰阶图，用256级灰度来记录图像中的透明度信息。Alpha通道缩览图中的白色部分表示选区之内，黑色部分表示选区之外，灰色部分则是半透明效果。

单击"通道"面板中的"创建新通道" ⊞ 按钮即可创建一个如图8-5所示的空白Alpha通道。若图像中存在选区，单击"通道"面板中的"将选区存储为通道" ◼ 按钮可将选区保存到Alpha通道中，如图8-6所示。保存选区后可随时重新载入该选区或将该选区载入到其他图像中。

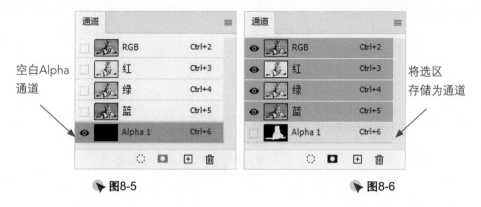

空白Alpha
通道

将选区
存储为通道

图8-5　　　　　　　　　　　　　　　图8-6

（3）专色通道

专色通道是一种比较特殊的通道，可用于存储专色。它可以使用除青色、洋红、黄色和黑色以外的颜色来绘制图像，常用于需要专色印刷的印刷品。它可以局部使用，也可作为一种色调应用于整个图像中，例如画册中常见的纯红色、蓝色以及证书中的烫金、烫银效果等。

> **注意事项**
>
> 除了默认的颜色通道外，每一个专色通道都有相应的印版，在打印输出一个含有专色通道的图像时，必须先将图像模式转换到多通道模式下。

单击"通道"面板中的 ≡ 按钮，在弹出的快捷菜单中执行"新建专色通道"命令，打开如图8-7所示的"新建专色通道"对话框。在该对话框中设置专色通道的名称、颜色等参数，完成后单击"确定"按钮，即可创建如图8-8所示的专色通道。

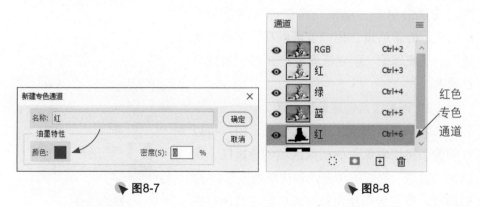

红色
专色
通道

图8-7　　　　　　　　　　　　　　　图8-8

（4）临时通道

临时通道是在"通道"面板中暂时存在的通道。在创建图层蒙版或快速蒙版时，会自动在通道中生成临时蒙版，如图8-9、图8-10所示。当删除图层蒙版或退出快速蒙版的时候，在"通道"面板中的临时通道就会消失。

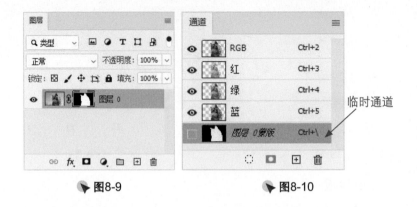

图8-9   图8-10

8.1.3 创建通道

Alpha通道是Photoshop中最常用的通道，该通道可以帮助用户更加方便地对图像进行编辑。用户可以选择创建空白通道或带选区的通道。

（1）创建空白通道

空白通道是指创建的通道属于选区通道，但选区中没有图像等信息。单击"通道"面板右上角的 ≡ 按钮，在弹出的快捷菜单中执行"新建通道"命令，打开如图8-11所示的"新建通道"对话框。在该对话框中设置名称等参数，完成后单击"确定"按钮即可创建如图8-12所示的新通道。用户也可以直接单击"通道"面板底部的"创建新通道" ⊞ 按钮新建空白通道。

图8-11

（2）通过选区创建选区通道

选区通道可用于存放选区信息，用户可以在图像中将需要保留的图像区域创建选区，然后在"通道"面板中单击"创建新通道" ⊞ 按钮即可。将选区创建为新通道后能方便用户在后面的重复操作中快速载入选区。

图8-12

上手实操：沙发上的 小猫咪

▶扫一扫　看视频◀

在处理一些毛发或者半透明的图像时，使用通道可以很好地抠出素材。下面将以猫咪背景的替换为例，介绍通道的应用。

Step 01 打开本章素材文件"猫.jpg"，如图8-13所示。按Ctrl + J组合键复制一层。

Step 02 打开"通道"面板，选择黑白对比最为强烈的蓝通道，拖拽至面板底部的"创建新通道"⊞按钮上，复制通道，如图8-14所示为复制后效果。

▶图8-13　　　　　　　▶图8-14

Step 03 选中复制的通道，按Ctrl + M组合键打开"曲线"面板，如图8-15所示调整曲线，提亮高光区域，压暗暗部，增加对比。

Step 04 完成后单击"确定"按钮，效果如图8-16所示。

▶图8-15　　　　　　　▶图8-16

Step 05 选择工具箱中的"加深工具"，在选项栏中设置画笔大小为90，范围为中间调，曝光度为100%，在猫咪边缘拖拽绘制，加深颜色，图8-17所示为加深后效果。

Step 06 ▶ 选择"减淡工具"，在选项栏中设置范围为高光，曝光度为100%，在背景处拖拽绘制，减淡颜色，如图8-18所示为背景减淡后效果。

加深工具涂抹加深

减淡背景

▶ 图8-17 ▶ 图8-18

Step 07 ▶ 按Ctrl + L组合键打开"色阶"对话框，设置如图8-19所示的参数，加深中间调，提亮高光区域，加深对比。

Step 08 ▶ 完成后单击"确定"按钮，效果如图8-20所示。

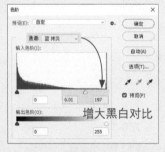

增大黑白对比

▶ 图8-19 ▶ 图8-20

Step 09 ▶ 设置前景色为黑色，使用"画笔工具" ✐ 在猫咪内部涂抹，填充黑色，如图8-21所示。

Step 10 ▶ 按住Ctrl键单击蓝拷贝通道缩览图，创建选区，选择RGB通道，按Ctrl + Shift + I组合键反向选区，按Ctrl + J组合键复制选区至新图层，隐藏背景图层和图层1，效果如图8-22所示。

复制选区至新图层，隐藏多余图层

▶ 图8-21 ▶ 图8-22

Step 11 打开本章素材文件"沙发.jpg"，拖拽猫咪素材至新打开的文档中，调整至如图8-23所示的大小与位置。

Step 12 选择猫咪图层，按Ctrl＋J组合键复制，调整图层顺序按Ctrl＋T组合键自由变换，如图8-24所示为变换后效果。

▶图8-23　　　　　　　　　　▶图8-24

Step 13 双击"图层"面板中拷贝图层空白处，打开"图层样式"对话框，设置"颜色叠加"参数，为其叠加深棕色（#695240），如图8-25所示为设置参数。

Step 14 完成后单击"确定"按钮，效果如图8-26所示。

▶图8-25　　　　　　　　　　▶图8-26

Step 15 选择拷贝图层，执行"滤镜＞模糊＞高斯模糊"命令，打开"高斯模糊"对话框设置如图8-27所示参数，制作轻微的高斯模糊效果。

Step 16 完成后单击"确定"按钮，效果如图8-28所示。

▶图8-27　　　　　　　　　　▶图8-28

Step 17 选择图像编辑窗口中的猫，执行"图像＞调整＞匹配颜色"命令，打开"匹配颜色"对话框，设置如图8-29所示参数，使猫咪与沙发背景颜色匹配。

Step 18 完成后单击"确定"按钮，效果如图8-30所示。

匹配颜色

图8-29　　　　　　　　　　图8-30

Step 19 新建图层，选择"画笔工具" 在每只猫咪右侧部分涂抹出如图8-31所示阴影。

Step 20 在"图层"面板中移动鼠标至新建图层与猫咪所在图层中间，按住Alt键单击创建剪贴蒙版，设置新建图层的混合模式为"叠加"，效果如图8-32所示。至此，完成猫咪背景的替换。

图8-31　　　　　　　　　　图8-32

8.2 编辑通道

通道的编辑包括通道的分离与合并、复制与删除、通道的计算等，下面将对此进行详细的介绍。

8.2.1 分离与合并通道

分离通道可将一个图像文件中的各个通道以单个独立文件的形式进行存储，而合并通道可以将分离的通道合并在一个图像文件中。

（1）分离通道

分离通道是将通道中的颜色或选区信息分别存放在不同的独立灰度模式的图像中，以保留单个通道信息。通道分离后，原文件将被关闭，单个通道出现在单独的灰度图像窗口。

打开要分离的素材图像，单击"通道"面板右上角的 ≡ 按钮，在弹出的快捷菜单中执行"分离通道"命令，即可将图像分离为相应通道数量的灰度图像，如图8-33至图8-36所示为原图和分离后的灰度图像。

▼图8-33

▼图8-34

▼图8-35

▼图8-36

（2）合并通道

合并通道可以将多个灰度图像合并为一个图像的通道。打开的灰度图像的数量决定了合并通道时可选的颜色模式。

打开要合并的灰度素材图像，如图8-37至图8-39所示为打开后效果。

▼图8-37　　　　　　　　▼图8-38　　　　　　　　▼图8-39

　　单击"通道"面板右上角的 ≡ 按钮，在弹出的快捷菜单中执行"合并通道"命令，打开如图8-40所示的"合并通道"对话框，从中设置模式，完成单击"确定"按钮，打开"合成RGB通道"对话框，如图8-41所示指定通道，完成后单击"确定"按钮，即可合并通道，如图8-42所示为合并后效果。

> **⚠ 注意事项**
>
> 要合并的图像必须是处于灰度模式，并且已被拼合（没有图层）且具有相同的像素尺寸，还要处于打开状态。

选择模式　　　　　　　　　指定通道

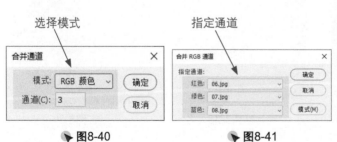

▼图8-40　　　　　　　　▼图8-41　　　　　　　　▼图8-42

8.2.2　复制与删除通道

　　在编辑通道中的选区时，可以复制通道内容后再进行编辑，以免损坏原图像。编辑完成后，因存储含有 Alpha通道的图像会占用一定的磁盘空间，在存储含有Alpha通道的图像前，用户可以删除不需要的 Alpha通道。

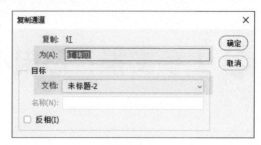

▼图8-43

在"通道"面板中选中要复制的通道，单击"通道"面板右上角的 ≡ 按钮，在弹出的快捷菜单中执行"复制通道"命令，即可打开如图 8-43所示的"复制通道"对话框，从中设置参数后单击"确定"按钮即可按照设置复制通道。

用户也可以直接拖拽要复制的通道至"通道"面板底部的"创建新通道" ⊞ 按钮上，即可复制通道。

若要删除通道，可以选中要删除的通道后单击"通道"面板底部的"删除当前通道" 🗑 按钮或将该通道直接拖拽至"删除当前通道" 🗑 按钮上即可。

8.2.3　计算通道

通道的计算是指将两个来自同一或多个源图像的通道以一定的模式进行混合，其实质是合并通道的升级。对图像进行通道运算能将一幅图像融合到另一幅图像中，方便用户快速得到富于变幻的图像效果。

打开图像后执行"图像 > 计算"命令，打开如图8-44所示的"计算"对话框，从中设置参数后单击"确定"按钮即可对通道进行计算。

▼图8-44

▶扫一扫 看视频◀

除了使用调整命令或调整图层提亮图像暗部细节外，用户还可以选择使用通道提亮图像暗部。下面将以调整图像明暗效果为例，介绍计算通道的应用。

Step 01 打开本章素材文件"人.jpg"，如图8-45所示。按Ctrl + J组合键复制一层。

Step 02 打开"通道"面板，选择暗部较明显的蓝通道，执行"图像>计算"命令，打开"计算"对话框，设置如图8-46所示参数计算通道。

▶图8-45

▶图8-46

Step 03 完成后单击"确定"按钮，新建通道，效果如图8-47所示。

Step 04 按Ctrl键单击Alpha1通道缩览图，创建选区，按Ctrl + Shift + I组合键反向选区，选择RGB通道，按Ctrl + J组合键复制选区至新图层，如图8-48所示为复制后的图层。

新建通道

复制选区至新图层

▶图8-47

▶图8-48

Step 05 选中图层2，在"图层"面板中设置其混合模式为滤色，不透明度为70%，效果如图8-49所示。

Step 06 单击"图层"面板底部的"创建新的填充或调整图层" ⚫ 按钮，在弹出的快捷菜单中执行"自然饱和度"命令，新建"自然饱和度1"调整图层，如图8-50所示。

図8-49　　　　　図8-50

Step 07 在"属性"面板中设置如图8-51所示的参数，提高自然饱和度，降低饱和度。此时，图像效果如图8-52所示。至此，完成图像明暗的调整。

图8-51　　　　　图8-52

⊕ 高手进阶：精致肌肤 ＋⁺

好的皮肤可以使人物的颜值提升一个档次，在日常生活中，我们可以通过妆容补足皮肤的不足，也可以通过Photoshop进行后期修饰，如图8-53、图8-54所示为通道处理前后对比效果。

▶图8-53　　　　　　　　　　▶图8-54

Step 01 　打开本章素材文件"女生.jpg"，如图8-55所示。按Ctrl + J组合键复制一层。

Step 02 　打开"通道"面板，选择面部斑点与皮肤差别最明显的蓝通道，拖拽至面板底部的"创建新通道" ⊞ 按钮上，复制通道，如图8-56所示为复制通道后的效果。

▶图8-55　　　　　　　　　　▶图8-56

Step 03 　执行"滤镜 > 其它 > 高反差保留"命令，打开"高反差保留"对话框，设置如图8-57所示的参数，从而得到较为明显的面部斑点效果。

Step 04 　完成后单击"确定"按钮，可以看到此时图像中如图8-58所示保留大部分斑点。

Step 05 　设置前景色为画面中背景灰色，使用"画笔工具" 涂抹

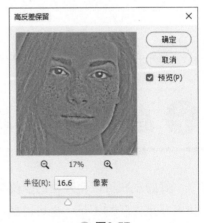

▶图8-57

眼睛、眉毛、嘴巴及背景处，如图8-59所示保留面部区域。

Step 06 执行"图像 > 计算"命令，打开"计算"对话框，设置如图8-60所示的参数，增大面部斑点与皮肤的反差。

▶图8-58

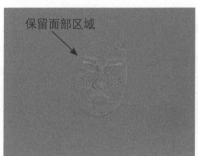

▶图8-59

▶图8-60

Step 07 完成后单击"确定"按钮，可以看到面部斑点与皮肤的反差更大，如图8-61所示。

Step 08 重复两次"计算"命令，效果如图8-62所示。

▶图8-61

▶图8-62

Step 09 按住Ctrl键单击Alpha3通道缩览图，创建选区，按Ctrl + Shift + I组合键反向选区，选择RGB通道，在"图层"面板中单击"图层"面板底部的"创建新的填充或调整图层" ◒ 按钮，在弹出的快捷菜单中执行"曲线"命令，新建"曲线1"调整图层，如图8-63所示为创建后的效果。

Step 10 选中"曲线1"调整图层，在"属性"面板中如图8-64所示调整曲线提亮图像。

创建调整图层→

▶图8-63

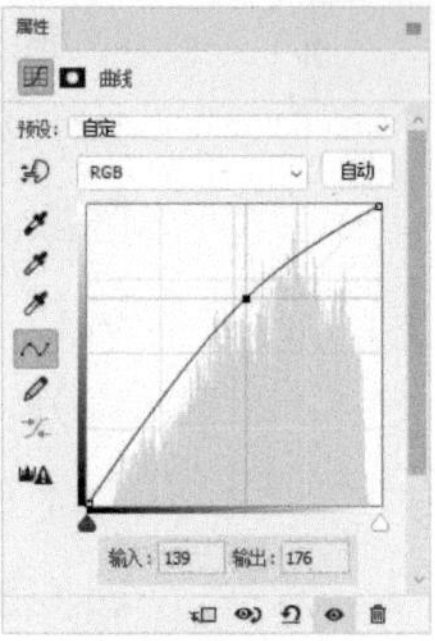

▶图8-64

Step 11 此时，图像效果如图8-65所示。

Step 12 按Ctrl+Shift+Alt+E组合键盖印图层，如图8-66所示。

▶图8-65

盖印图层

▶图8-66

Step 13 选中盖印图层，单击工具箱中的"污点修复画笔工具"，保持默认设置，在图像细小瑕疵处单击，修复肌肤，完成后效果如图8-67所示。

Step 14 单击"图层"面板底部的"创建新的填充或调整图层" 按钮，在弹出的快捷菜单中执行"自然饱和度"命令，新建"自然饱和度1"调整图层，如图8-68所示为创建的调整图层。

Step 15 在"属性"面板中设置如图8-69所示的参数，增加自然饱和度和饱和度参数。至此，完成人物图像的调整。

修复瑕疵

▶图8-67

创建调整图层

▶图8-68

▶图8-69

↑ 自我提升

▶扫一扫　看视频◀

1. 开学季海报

在处理图像时，我们可以结合多种工具与命令，制作精致的图像效果。下面请综合通道、调色等知识，制作文艺的开学季海报，如图8-70所示。

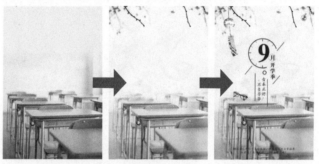

◥ 图8-70

2. 替换婚纱照背景

▶扫一扫　看视频◀

婚纱照是承载着新人美好回忆的照片，在Photoshop中，我们可以通过通道技术，更换婚纱照背景，使照片更加丰富。下面请综合通道、调色等知识，替换婚纱照背景，如图8-71所示。

◥ 图8-71

第 9 章

犹抱本影半遮月——
蒙版的应用

蒙版是 Photoshop 中避不开的一个功能，那么，什么是蒙版？蒙版又称遮罩，是一种无损编辑的方式。在 Photoshop 中，用户可以通过蒙版遮罩图像的某一部分，从而得到需要的区域，进而进行操作。本章将主要对蒙版的基础知识及应用方法进行介绍。

9.1 创建蒙版

蒙版是一种特殊的处理图像的方式，是创建图像合成的重要工具。使用蒙版可以遮盖图像的部分区域，避免误操作。在Photoshop中，蒙版类型主要分为快速蒙版、矢量蒙版、剪贴蒙版、图层蒙版四种。本小节将主要针对蒙版的创建进行介绍。

9.1.1 创建快速蒙版

快速蒙版是一种临时性的蒙版，可以暂时在图像上形成一层"保护膜"。当在快速蒙版模式中工作时，"通道"面板中会出现一个临时的快速蒙版通道。

单击工具箱底部的"以快速蒙版模式编辑"按钮或按Q键，即可进入快速蒙版编辑模式。使用画笔工具在图像中需要添加快速蒙版的区域涂抹，涂抹的区域如图9-1所示呈半透明红色。再按Q键退出快速蒙版，创建选区，同时未绘制的区域将转换为选区，如图9-2所示为转换得到的选区。

快速蒙版

▶图9-1

选区

▶图9-2

创建快速蒙版时不会产生相应的附加图层，该类型蒙版主要用于快速处理当前选区。

> **经验之谈**
> 若想对快速蒙版的外观等进行设置，可以双击"以快速蒙版模式编辑" ⬚ 按钮，打开"快速蒙版选项"对话框，如图9-3所示。该对话框中的"色彩指示"选项可以设置色彩指示的区域；"颜色"可以设置蒙版的颜色和不透明度。

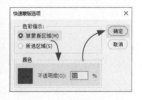

▶图9-3

上手实操：特色照片边框

快速蒙版可以结合滤镜，创建特殊的选区。下面就以特色照片边框的制作为例，介绍快速蒙版的应用。

Step 01 打开本章素材文件"水杯.jpg"，如图9-4所示。按Ctrl＋J组合键复制一层。

Step 02 选中复制图层，执行"滤镜＞模糊＞高斯模糊"命令，打开"高斯模糊"对话框，设置如图9-5所示的参数，制作较明显的高斯模糊的效果。

高斯模糊

▼图9-4　　　　　　　　　　▼图9-5

Step 03 完成后单击"确定"按钮，效果如图9-6所示。

Step 04 选中背景图层，按Ctrl＋J组合键复制一层，调整至最上方，选择"矩形选框工具"，在选项栏中设置样式为固定比例，宽度为3，高度为2，在图像编辑窗口中拖拽绘制如图9-7所示的选区。

选区

▼图9-6　　　　　　　　　　▼图9-7

Step 05 按Q键进入快速蒙版模式，此时，未选中部分变为如图9-8所示的半透明红色。

Step 06 执行"滤镜 > 像素化 > 彩色半调"命令，打开"彩色半调"对话框设置如图9-9所示参数，添加彩色半调滤镜效果。

快速蒙版

彩色半调参数设置

▶图9-8　　　　　　　　▶图9-9

Step 07 完成后单击"确定"按钮，效果如图9-10所示。

Step 08 按Q键退出快速蒙版模式，按Ctrl + Shift + I组合键反向选区，按Delete键删除，如图9-11所示为删除后效果。按Ctrl + D组合键取消选区。

反向选区并删除选区内容

▶图9-10　　　　　　　　▶图9-11

Step 09 选中模糊图层，选择"矩形工具"□，在选项栏中设置填充为白色，描边为无，在图像编辑窗口中绘制一个比"背景拷贝"图层内容略大的圆角矩形，效果如图9-12所示。至此，完成特色照片边框的制作。

绘制圆角矩形

▶图9-12

9.1.2 创建矢量蒙版

矢量蒙版是通过形状或路径制作蒙版，来控制图像的显示区域，它只能作用于当前图层。矢量蒙版既可以通过形状工具创建，也可以通过路径来创建。且创建矢量蒙版后，依然可以通过"直接选择工具" ⯈ 对路径进行调整，从而使蒙版区域更精确。

选中要创建矢量蒙版的图层，单击工具箱中的"钢笔工具" ⌀ 按钮，在图像中合适位置绘制路径，执行"图层>矢量蒙版>当前路径"命令，即可基于当前绘制的路径创建一个矢量蒙版，如图9-13、图9-14所示为矢量蒙版创建并替换背景前后对比效果。

▶ 图9-13

▶ 图9-14

经验之谈 在选中路径的情况下，按住Ctrl键单击"图层"面板底部的"添加蒙版"按钮，创建矢量蒙版。

单击工具箱中的"直接选择工具" ⯈ 按钮，选中路径，可以调整路径范围，从而调整矢量蒙版，如图9-15、图9-16所示为调整矢量蒙版效果。

▶ 图9-15

▶ 图9-16

9.1.3　创建剪贴蒙版

剪贴蒙版可以以下方图层的图像轮廓来控制上方图层图像的显示区域，由基底图层和内容图层两部分构成。即基底图层用于定义最终图像的形状及范围，内容图层用于存放将要表现的图像内容。

剪贴蒙版创建后，基底图层名称下会有一条下划线，上方的内容图层缩览图前方会出现 图标，如图9-17、图9-18所示。

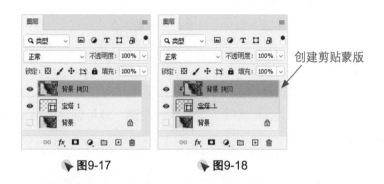

创建剪贴蒙版

▶ 图9-17　　　　▶ 图9-18

用户可以选择多种方式创建剪贴蒙版，常用的有以下三种。

（1）菜单命令

选中要被剪贴的图层即内容图层，执行"图层 > 创建剪贴蒙版"命令或按Alt + Ctrl + G组合键，即可使相邻的下层图层作为基底图层创建剪贴蒙版，如图9-19、图9-20所示为创建剪贴蒙版前后对比效果。

创建剪贴蒙版效果

▶ 图9-19　　　　▶ 图9-20

（2）快捷菜单命令

在"图层"面板中选中要被剪贴的内容图层，右击鼠标，在弹出的快捷菜单中执行"创建剪贴蒙版"命令，即可使相邻的下层图层作为基底图层创建剪贴蒙版，如图9-21、图9-22所示。

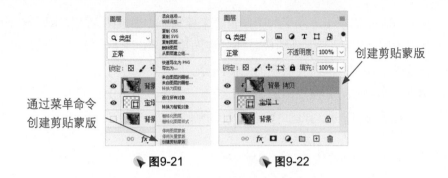

通过菜单命令
创建剪贴蒙版

创建剪贴蒙版

▼图9-21　　　　▼图9-22

（3）快捷键

按住Alt键，在"图层"面板中移动鼠标至要被剪贴的图层与其相邻的下层图层之间，待鼠标变为 状时，单击鼠标左键，即可创建剪贴蒙版，如图9-23、图9-24所示。

按【Alt】键

创建剪贴蒙版

▼图9-23　　　　▼图9-24

在使用剪贴蒙版处理图像时，内容图层一定位于基底图层的上方，才能对图像进行正确剪贴。创建剪贴蒙版后，若想释放剪贴蒙版，按Ctrl + Alt + G组合键；或按住Alt键，移动鼠标至内容图层与基底图层之间，待鼠标变为 状时，单击鼠标左键即可。用户也可以移动内容图层至基底图层下方，释放剪贴蒙版。

> **经验之谈**　剪贴蒙版中可以有多个内容图层，这些图层必须是相邻的图层。对内容图层的操作不会影响基底图层。

上手实操：图像文字

剪贴蒙版可以通过下方图层的形状定义上方图层，从而制作出许多不一样的效果。下面将以趣味文字的制作为例，介绍剪贴蒙版的应用。

Step 01 新建一个960×640（像素）的空白文档，选择工具箱中的"渐变工具"，在选项栏中单击"点按可编辑渐变"渐变条，打开"渐变编辑器"对话框，设置渐变颜色从左至右依次为深灰（#bebebe）、浅灰（#eeeeee）、灰（#d2d2d2），如图9-25所示。

Step 02 完成后单击"确定"按钮，在图像编辑窗口中按住鼠标左键从上至下拖拽填充渐变，效果如图9-26所示。

从上至下拖拽绘制渐变

▼图9-25　　　　　　　▼图9-26

Step 03 选择"横排文字工具"**T**，在图像编辑窗口中如图9-27所示位置单击并输入文字。

Step 04 将本章素材文件"叶子.jpg"拖拽至该文档中，调整至如图9-28所示的大小和位置。

注意事项

该步骤中选择轮廓较粗的字体即可。

▼图9-27　　　　　　　▼图9-28

213

Step 05 移动鼠标至文字图层和叶子图层之间，按住Alt键单击创建剪贴蒙版，如图9-29所示。

Step 06 此时，图像编辑窗口中效果如图9-30所示。

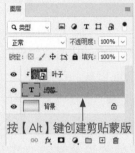

图9-29　　　　　　　　　　　图9-30

Step 07 在"图层"面板中选中文字图层，双击其空白处，打开"图层样式"对话框，设置描边和内阴影参数，如图9-31、图9-32所示。

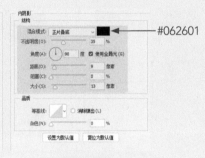

图9-31　　　　　　　　　　　图9-32

Step 08 完成后单击"确定"按钮，效果如图9-33所示。至此，完成图像文字的制作。

图9-33

9.1.4 创建图层蒙版

　　图层蒙版可以隐藏图像中的部分区域，且不损坏图像，创建图层蒙版后用户还可根据需要修改隐藏的部分。它并不是直接编辑图层中的图像，而是通过使用画笔工具在蒙版上涂抹，控制图层区域的显示或隐藏，常用于图像合成。

　　选中要添加图层蒙版的图层，单击"图层"面板底端的"添加图层蒙版" ◙ 按钮，即可为选中的图层添加如图9-34所示的图层蒙版。设置前景色为黑色，使用"画笔工具" ✐ 在图层蒙版上进行绘制即可隐藏绘制区域的内容，如图9-35所示为隐藏后效果。

▶ 图9-34　　　　　　　　　　　　　　　　▶ 图9-35

> **经验之谈**　当图层中存在选区时，在"图层"面板中选择该图层，单击面板底部的"添加图层蒙版" ◙ 按钮，选区内的图像将被保留，而选区外的图像被隐藏，如图9-36、图9-37所示为添加图层蒙版前后对比效果。

▶ 图9-36　　　　　　　　　　　　　　　　▶ 图9-37

9.2 编辑蒙版

在使用蒙版的过程中，用户可以对蒙版进行编辑，以便更好地观察应用蒙版效果，获得质量更佳的图像。常见的蒙版编辑操作有停用和启用、移动和复制、删除等，下面将对此进行介绍。

9.2.1 停用和启用蒙版

停用蒙版可以暂时取消蒙版的应用，启用蒙版可以再次应用停用的蒙版效果，通过停用和启用蒙版，可以帮助用户更好地观察蒙版效果，从而进行调整。

若想停用蒙版，可以在"图层"面板中右击图层蒙版缩览图，在弹出的快捷菜单中执行"停用图层蒙版"命令或按住Shift键单击图层蒙版缩览图，即可停用图层蒙版，停用的图层蒙版缩览图上会出现一个如图9-38所示的红色的×，此时蒙版效果将不显示，如图9-39所示。

再次右击蒙版缩览图，在弹出的快捷菜单中执行"启用图层蒙版"命令或按住Shift键单击图层蒙版缩览图，即可启用图层蒙版，如图9-40、图9-41所示为显示图层蒙版效果。

▼ 图9-38

▼ 图9-39

▼ 图9-40

▼ 图9-41

❗ 注意事项

在应用图层蒙版时，若想对蒙版或图像进行单独操作，可以解除图像和蒙版的链接，即可选中图像或蒙版的缩览图进行单独操作。在"图层"面板中单击图像缩览图和蒙版缩览图之间的"指示图层蒙版链接到图层" 🔗 按钮，即可解除链接，再次单击，可重新链接图像和蒙版，如图9-42、图9-43所示。

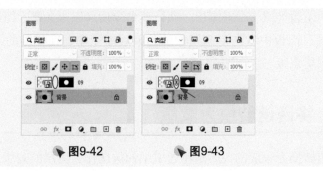

图9-42　　　　　图9-43

9.2.2 移动和复制蒙版

　　蒙版可以在不同的图层之间移动或复制，减少重复工作的时间。

　　若要移动蒙版，选中要移动的蒙版缩览图，拖拽至其他图层即可，如图9-44、图9-45所示为拖拽后效果。

　　复制蒙版可以得到与移动蒙版不同的图像效果。选中要复制的蒙版缩览图，按住Alt键拖拽至其他图层即可，如图9-46、图9-47所示为复制后效果。

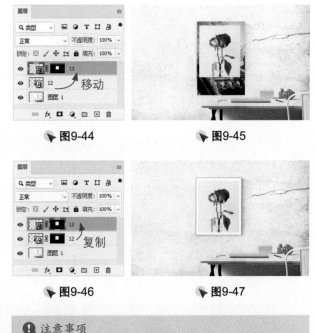

图9-44　　　　　　　　图9-45

图9-46　　　　　　　　图9-47

> **注意事项**
>
> 按住Alt键单击蒙版缩览图，可隐藏图像信息，显示蒙版。

9.2.3 删除和应用蒙版

　　若要删除图层蒙版，可以在"图层"面板中右击要删除的蒙版缩览图，在弹出的快捷菜单中执行"删除图层蒙版"命令，或者拖动蒙版缩览图至"删除图层"按钮上，即可删除图层蒙版。

应用蒙版类似于合并图层，执行该命令后可以永久删除图层的隐藏部分。在"图层"面板中右击要应用蒙版的蒙版缩览图，在弹出的快捷菜单中执行"应用图层蒙版"命令即可。

9.2.4 将通道转换为蒙版

通道转换为蒙版的实质是将通道中的选区作为图层的蒙版，从而对图像的效果进行调整。在"通道"面板中按Ctrl键单击相应的通道缩览图，即可载入该通道的选区，切换至"图层"面板选择要添加蒙版的图层，单击"添加图层蒙版" 按钮即可。

✏️ 上手实操：双胞胎

处理照片时，我们可以通过Photoshop合成图像，制作出有意思的效果。下面将以人物换脸的操作为例，介绍蒙版的应用。

Step 01 ▶ 打开本章素材文件"儿童.jpg"，如图9-48所示。按Ctrl+J组合键复制一层。

Step 02 ▶ 选择复制的图层，按Ctrl+T组合键自由变换，右击鼠标，在弹出的快捷菜单中执行"水平翻转"命令，翻转图像，调整至如图9-49所示的大小与位置。

▶ 图9-48

自由变换

▶ 图9-49

Step 03 ▶ 选择"多边形套索工具" ⋈，在选项栏中设置羽化为10，在图像

Step 04 编辑窗口中围绕右侧男生面部创建如图9-50所示的选区。

单击"图层"面板底端的"添加图层蒙版" ▢ 按钮，创建图层蒙版，如图9-51所示为创建图层蒙版后效果。

创建选区

创建图层蒙版

▶图9-50　　　　　　　　　　▶图9-51

Step 05 新建"可选颜色1"调整图层，移动鼠标在调整图层和背景拷贝图层之间，按Alt键单击创建剪贴蒙版。选中调整图层，在"属性"面板中设置红色和洋红参数，如图9-52、图9-53所示为设置的具体数值。

▶图9-52　　　　　　　　▶图9-53

Step 06 此时，图像效果如图9-54所示。

Step 07 新建"色阶1"调整图层，继续创建剪贴蒙版。在"属性"面板中选择RGB通道设置如图9-55所示参数，压暗中间调区域。

▶图9-54　　　　　　　　▶图9-55

Step 08 选择红通道和绿通道设置不同的参数，如图9-56、图9-57所示为
具体设置的具体数值。

调整绿通道 →

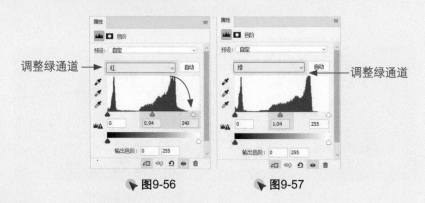

← 调整绿通道

▼图9-56　　　　　　　　▼图9-57

Step 09 此时，图像效果如图9-58所示。

Step 10 选择"色阶1"调整图层蒙版缩览图，选择"渐变工具" 添加
如图9-59所示的黑白渐变。

▼图9-58　　　　　　　　▼图9-59

Step 11 新建"色彩
平衡1"调整
图层，创建
剪贴蒙版。
在"属性"
面板中如图
9-60所示设

色彩平衡 ↓

▼图9-60　　　　　　　　▼图9-61

置中间调参数，使其色调与下方人物相符。至此，完成换脸操
作，如图9-61所示。

拓展练习：勇攀姜饼山

通过蒙版，可以合成图像，制作出趣味照片的效果。在合成图像之前，我们需要先对想要合成的图像有所规划，从而选择合适的素材，如图9-62所示，通过将攀爬的人和堆在一起的糕点合成制作出趣味效果。

▶ 图9-62

Step 01 ▶ 打开本章素材文件"人.jpg"，如图9-63所示，按Ctrl + J组合键复制一层。

Step 02 ▶ 使用"对象选择工具"▦ 选取人物，使用"多边形套索工具"▽ 补充选取，如图9-64所示为选择后的效果。

Step 03 ▶ 单击"图层"面板底端的"添加图层蒙版"▣ 按钮，创建图层蒙版，如图9-65所示为创建后效果。

复制图层

▶ 图9-63

创建选区

▶ 图9-64

▶ 图9-65

Step 04 ▶ 打开本章素材文件"背景.jpg"，将人物蒙版图层拖拽至背景文档中，修改人物蒙版图层名称为"人"，如图9-66所示为名称修改后效果。

Step 05 ▶ 选中人图层，按Ctrl + T组合键自由变换，右击鼠标，在弹出的快捷菜单中执行"水平翻转"命令，翻转人物图像，调整至如图9-67所示大小与位置。

按Ctrl + T组合键变换图像

拖拽至新文档中并修改名称

▶图9-66   ▶图9-67

Step 06 新建"色相／饱和度1"调整图层，在"属性"面板中设置如图 9-68所示的参数，降低饱和度，使其与背景图像颜色相符。

Step 07 调整后，图像效果如图9-69所示。

降低饱和度

▶图9-68   ▶图9-69

Step 08 移动鼠标至"图层"面板中"色相／饱和度1"调整图层和人图层 中间，按住Alt键单击创建剪贴蒙版，效果如图9-70所示。

Step 09 使用相同的方法，新建 "照片滤镜1"调整图 层，在"属性"面板中设 置如图9-71所示参数， 添加黄色照片滤镜。

Step 10 创建剪贴蒙版，效果如 图9-72所示。

▶图9-70   ▶图9-71

Step 11 选择背景图层，新建图层，选择"画笔工具" ，在选项栏中设 置不透明度为20%，流量为10%，在如图9-73所示位置绘制人物 阴影。

图9-72

绘制阴影
图9-73

Step 12　选中人图层，执行"图像 > 调整 > 匹配颜色"命令，打开"匹配颜色"对话框，设置如图9-74所示参数，使人物颜色与背景匹配。完成后单击"确定"按钮，效果如图9-75所示。

图9-74

匹配背景颜色
图9-75

Step 13　选择工具箱中的"加深工具"，在人物左侧涂抹，根据背景图像加深暗部，使用"减淡工具"，在人物右侧涂抹，减淡亮部，效果如图9-76所示。至此，完成攀爬效果的制作。

加深暗部，提亮亮部
图9-76

↑ 自我提升

扫一扫 看视频 ◄

1. 水果冰块

炎热的夏季，晶莹剔透的冰块会让我们感到放松与惬意，而如果冰块里还有水果，那一定会让人觉得幸福极了。下面请综合通道、蒙版知识，制作冰块中的水果，为烈日炎炎的夏季带来一丝冰爽。制作前后效果如图9-77所示。

▼ 图9-77

▶ 扫一扫 看视频 ◄

2. 画中的记忆

照片承载着记忆，保留了我们最真实的情感。下面请试着综合通道、蒙版知识，通过Photoshop艺术化地处理照片，使其呈现出水粉画的效果，如图9-78所示。

▼ 图9-78

第 10 章

匠心独妙出巧思——
滤镜的应用

滤镜是一种特殊的工具，利用该功能可以制作出各种特殊的效果，使图像更具有艺术感，以充分满足用户的设计需求。在Photoshop中，包含了多种类型的滤镜，在实际使用时，可以根据需要进行选择。本章将对滤镜的知识及应用方法做全面讲解。

10.1 认识滤镜

滤镜是一种特殊的图像效果处理技术，它以一定的算法，对图像中的像素进行分析和处理，从而完成对图像的部分或全部像素属性参数的调节或控制。使用滤镜，可以制作出更加具有视觉冲击力的作品。Photoshop中的滤镜包括内置滤镜和外挂滤镜两种。内置滤镜是Photoshop中自带的滤镜，外挂滤镜则是第三方开发的需要手动安装的滤镜，外挂滤镜补充了Photoshop内置滤镜的不足，增加了Photoshop的功能。执行"滤镜"命令，即可打开如图10-1所示的"滤镜"菜单。

该菜单中的第一项命令为上次操作滤镜的命令，"滤镜库""液化""消失点"等作为特殊滤镜被单独列出，其他滤镜归置在不同类别的滤镜组中。

上次滤镜操作(F)	Alt+Ctrl+F
转换为智能滤镜(S)	
Neural Filters...	
滤镜库(G)...	
自适应广角(A)...	Alt+Shift+Ctrl+A
Camera Raw 滤镜(C)...	Shift+Ctrl+A
镜头校正(R)...	Shift+Ctrl+R
液化(L)...	Shift+Ctrl+X
消失点(V)...	Alt+Ctrl+V
3D	▶
风格化	▶
模糊	▶
模糊画廊	▶
扭曲	▶
锐化	▶
视频	▶
像素化	▶
渲染	▶
杂色	▶
其它	▶

▼ 图10-1

❶ 注意事项

外挂滤镜一般位于菜单底部。

10.2 独立滤镜

独立滤镜指"滤镜"菜单中未被归纳入滤镜组中、可单独使用的滤镜。常用的独立滤镜有液化滤镜、自适应广角滤镜、镜头校正滤镜、消失点滤镜等。

10.2.1 液化滤镜

"液化"滤镜可以将图像以液体状态进行流动变化，让图像在适当的范围内用其他部分的像素图像替代原来的图像像素，创建艺术效果。该滤镜常用于进行"瘦脸""瘦身"等操作。

执行"滤镜 > 液化"命令，即可打开如图10-2所示的"液化"对话框。选中左侧工具后，可在右侧属性栏中对工具进行设置。

工具选项

选项参数设置

图10-2

该对话框中部分常用选项作用如下。

① **向前变形工具** ：该工具可以移动图像中的像素，得到变形的效果。

② **重建工具** ：使用该工具在变形的区域单击鼠标或拖动鼠标进行涂抹，可以使变形区域的图像恢复到原始状态。

③ **平滑工具** ：用于平滑调整后的图像边缘。

④ **顺时针旋转扭曲工具** ：使用该工具在图像中单击鼠标或移动鼠标时，图像会被顺时针旋转扭曲；当按住Alt键单击鼠标时，图像则会被逆时针旋转扭曲。

⑤ **褶皱工具** ：使用该工具在图像中单击鼠标或移动鼠标时，可以使像素向画笔中间区域的中心移动，使图像产生收缩的效果。

⑥ **膨胀工具** ：使用该工具在图像中单击鼠标或移动鼠标时，可以使像素向画笔中心区域以外的方向移动，使图像产生膨胀的效果。

⑦ **左推工具** ：使用该工具可以使图像产生挤压变形的效果。

⑧ **冻结蒙版工具** ：使用该工具可以在预览窗口绘制出冻结区域，在调整时，冻结区域内的图像不会受到变形工具的影响。

⑨ **解冻蒙版工具** ：使用该工具涂抹冻结区域能够解除该区域的冻结。

⑩ **脸部工具** ：该工具会自动识别人像的五官和脸型，当鼠标置于五官的上方时，图像中将出现调整五官脸型的线框，拖拽线框可以改变五官的位置、大小等，用户也可以在右侧属性栏中设置参数，调整人物的脸型。

上手实操：人像瘦脸

液化滤镜常用于处理人像素材，制作出瘦脸瘦身的效果。下面将以人像的瘦脸为例，介绍液化滤镜的应用。

Step 01 打开本章素材文件"女性.jpg"，如图10-3所示。按Ctrl + J组合键复制一次。

Step 02 执行"滤镜 > 液化"命令，打开"液化"对话框，选择"脸部工具" ⚇，调整脸部下巴处，去除两侧赘肉，调整人物唇部，使其唇角微微上扬，并减少唇部宽度，调整后效果如图10-4所示。

▶图10-3

▶图10-4

Step 03 选择"向前变形工具" ⚇，如图10-5所示调整人物头发，使头发整齐。

Step 04 单击"确定"按钮应用滤镜效果，如图10-6所示为瘦脸后效果。至此，完成人像瘦脸的操作。

▶图10-5

▶图10-6

10.2.2 自适应广角滤镜

　　"自适应广角"滤镜可以校正由于使用广角镜头而造成的镜头扭曲。用户可以快速拉直在全景图或采用鱼眼镜头和广角镜头拍摄的照片中看起来弯曲的线条。执行"滤镜 > 自适应广角"命令，打开如图10-7所示的"自适应广角"对话框。该对话框中部分常用选项作用如下：

工具选项

参数设置

▶ 图10-7

　　① **约束工具** ：用于绘制线条拉直图像。按住Alt键单击可删除约束。
　　② **多边形约束工具** ：用于绘制多边形拉直图像。按住Alt键单击可删除约束。
　　③ **校正**：用于选择校正的类型。包括鱼眼、透视、自动、完整球面等。
　　④ **缩放**：用于设置缩放比例。
　　⑤ **焦距**：用于指定镜头的焦距。
　　⑥ **裁剪因子**：用于设定参数值以确定如何裁剪最终图像。

10.2.3 镜头校正滤镜

　　"镜头校正"滤镜可以修复常见的镜头瑕疵。执行"滤镜 > 镜头校正"命令，打开如图10-8所示的"镜头校正"对话框。

该对话框中部分常用选项作用如下。

① **移去扭曲工具** ：向中心拖动或脱离中心以校正失真（如桶形失真、枕形失真等）。

② **拉直工具** ：绘制一条线将图形拉直到新的横轴或纵轴。

③ **移动网格工具** ：拖动以移动对齐网络。

工具选项

参数设置

▼ 图10-8

10.2.4 消失点滤镜

"消失点"滤镜可以在不调整图像透视角度的前提下，对图像进行绘制、仿制、复制或粘贴以及变换等操作。执行"滤镜 > 消失点"命令，打开如图10-9所示的"消失点"对话框。

工具选项

▼ 图10-9

该对话框中部分常用选项作用如下。

① **编辑平面工具** ：用于选择、编辑、移动平面和调整平面的大小。

② **创建平面工具** ：用于创建透视平面。

③ **选框工具** ：用于在透视平面中绘制选区，同时移动或仿制选区。按住Alt键拖移选区可将区域复制到新目标；按住Ctrl键拖移选区可用源图像填充该区域。

④ **图章工具** ：单击该工具按钮，按住Alt键在透视平面内单击设置取样点，在其他区域拖拽复制即可仿制图像。按住Shift键单击可将描边扩展到上一次单击处。

⑤ **画笔工具** ：用于在平面中绘画。

⑥ **变换工具** ：用于缩放、旋转和翻转当前浮动选区。

⑦ **吸管工具** ：选择颜色用于绘画。

⑧ **测量工具** ：用于测量平面中项目的距离和角度。

10.3 滤镜库

滤镜库中包含了常用的六组滤镜，更便于用户的使用与调整。执行"滤镜 > 滤镜库"命令，即可打开如图10-10所示的"滤镜库"对话框。

该对话框中部分常用选项作用如下。

① **预览窗口**：用于预览滤镜效果。

② **缩放按钮** □□：用于缩放预览窗口图像缩放比例。

③ **滤镜列表**：用于选择滤镜。单击需要的滤镜即可在预览窗口中观看相应的效果，如图10-11所示为"便条纸"滤镜对话框效果。

▶ 图10-10

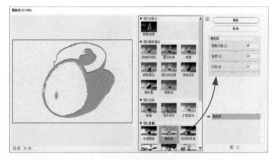

▶ 图10-11

④ **滤镜参数选项组**：用于设置当前选中滤镜的参数，如图10-12所示为"便条纸"滤镜相关参数。

⑤ **滤镜效果图层组**：用于新建、删除、显示或隐藏滤镜效果等，如图10-13所示为添加的"便条纸"滤镜和"成角的线条"滤镜效果。默认情况下，只有一个效果图层，用户可以单击右下角的"新建效果图层"□ 按钮，创建新图层，单击滤镜列表中的其他滤镜即可同时应用其他滤镜效果。

▶ 图10-12　　　　　　　　　　▶ 图10-13

10.3.1 画笔描边滤镜组

　　"画笔描边"滤镜组收录在滤镜库中，该滤镜组中的滤镜可以模拟不同画笔和油墨描边的效果，创造出具有绘画效果的外观。如图10-14所示为"画笔描边"滤镜组中的滤镜。

▶ **图**10-14

　　该滤镜组中各滤镜作用如下。

　　① **成角的线条：**该滤镜可以模拟使用画笔按某一角度在画布上用油画颜料所涂画出的斜线的效果，产生斜画笔风格的图像。

　　② **墨水轮廓：**该滤镜可以钢笔画的风格在图像颜色边界处模拟油墨绘制图像轮廓。

　　③ **喷溅：**该滤镜可以模拟喷溅效果，如图10-15、图10-16所示分别为添加"喷溅"滤镜前后对比效果。在相应的对话框中可设置喷溅的范围、喷溅效果的轻重程度。

　　④ **喷色描边：**该滤镜可以模拟喷溅与成角的线条的混合效果。

　　⑤ **强化的边缘：**该滤镜用于强化图像边缘，设置高的边缘亮度控制值时，强化效果类似白色粉笔；设置低的边缘亮度控制值时，强化效果类似黑色油墨，如图10-17所示为添加"强化的边缘"滤镜效果。

原图　　　喷溅　　　强化的边缘

▶图10-15　　　▶图10-16　　　▶图10-17

⑥ **深色线条**：该滤镜用短而密的线条绘制图像中的深色区域，长而白的线条绘制浅色区域，从而产生一种很强的黑色阴影效果。

⑦ **烟灰墨**：该滤镜可以模拟蘸满油墨的画笔在宣纸上绘画的效果。

⑧ **阴影线**：该滤镜可以创建具有十字交叉线网格风格的图像。

10.3.2　素描滤镜组

"素描"滤镜组中的滤镜可以根据图像中高色调、半色调和低色调的分布情况，使用前景色和背景色按特定的运算方式进行填充添加纹理，使图像产生素描、速写及三维的艺术效果。如图10-18所示为"素描"滤镜组中的滤镜。

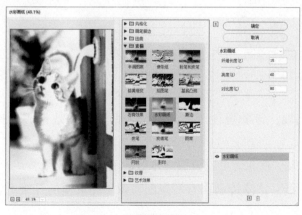

▶图10-18

该滤镜组中各滤镜作用如下。

① **半调图案**：该滤镜可以在保持连续的色调范围的同时，模拟半调网屏的效果。

② **便条纸**：该滤镜可以使图像以前景色和背景色混合产生凹凸不平的草纸画效果，使图像简单化，如图10-19、图10-20所示为添加"便条纸"滤镜前后对比效果。

③ **粉笔和炭笔**：该滤镜可以重绘高光和中间调，并使用粗糙粉笔绘制纯中间调的灰色背景。阴影区域用黑色对角炭笔线条替换。炭笔用前景色绘制，粉笔用背景色绘制。

④ **铬黄渐变**：该滤镜可以模拟液态金属效果，高光在反射表面上是高点，阴影是低点。

⑤ **绘图笔**：该滤镜使用细的线状的油墨描边捕捉原图像的细节，模拟钢笔画素描效果，图像中没有轮廓，只有变化的笔触效果，如图10-21所示为添加"绘图笔"滤镜效果。

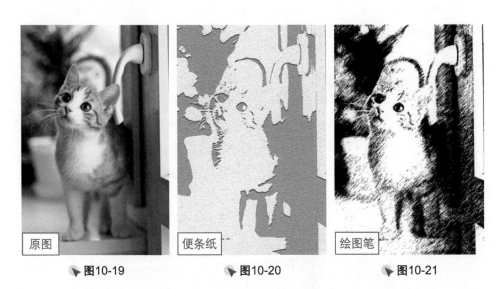

原图　　　　　　　　便条纸　　　　　　　　绘图笔

👉 **图10-19**　　　　　👉 **图10-20**　　　　　👉 **图10-21**

⑥ **基底凸现**：该滤镜使用光照强调表面变化的效果，模拟粗糙的浮雕效果。

⑦ **石膏效果**：该滤镜可以模拟立体石膏压模成像效果。

⑧ **水彩画纸**：该滤镜利用有污点的，像画在潮湿的纤维纸上的涂抹，使颜色流动并混合。

⑨ **撕边**：该滤镜可以模拟粗糙、撕破的纸片效果。

⑩ **炭笔**：该滤镜可以创建色调分离的图像效果。主要边缘以粗线条绘制，而中间色调用对角描边进行素描。

⑪ **炭精笔**：该滤镜可以模拟浓黑和纯白炭精笔在纸上绘画的效果。

⑫ **图章**：该滤镜可以简化图像，突出主题，模拟橡皮或木质图章的效果。

⑬ **网状**：该滤镜可以使用前景色和背景色填充图像，在图像中产生一种网眼覆盖的效果。

⑭ **影印**：该滤镜可以模拟影印的效果。

> **经验之谈**　"滤镜库"对话框中的"素描"滤镜组中的滤镜效果受前景色和背景色的影响，在添加该滤镜组中的效果之前，可以先设置前景色与背景色，以得到满意的图像效果。

10.3.3　纹理滤镜组

"纹理"滤镜组中的滤镜可以为图像添加具有深度感和材料感的纹理，使图像具有质感。如图10-22所示为"画笔描边"滤镜组中的滤镜。

▶ 图10-22

该滤镜组中各滤镜作用如下。

① **龟裂缝**：该滤镜可以使图像产生龟裂纹理，从而制作出具有浮雕样式的立体图像效果。

② **颗粒：**该滤镜可以在图像中随机添加不同种类的颗粒来创建颗粒效果。

③ **马赛克拼贴：**该滤镜可以模拟马赛克拼成图像的效果。

④ **拼缀图：**该滤镜类似于马赛克拼贴效果但更具立体感，如图10-23、图10-24所示为添加"拼缀图"滤镜前后对比效果。

⑤ **染色玻璃：**该滤镜可以将图像分割成不规则的多边形色块，产生视觉上的彩色玻璃效果，如图10-25所示为添加"染色玻璃"滤镜效果。

原图

拼缀图

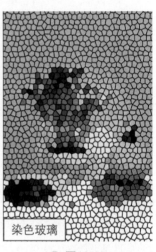
染色玻璃

▼图10-23　　　　　▼图10-24　　　　　▼图10-25

⑥ **纹理化：**该滤镜可以在图像上添加纹理效果，使图像看起来富有质感。

> ❗ 注意事项
>
> "纹理"滤镜组中的滤镜可以直接作用于空白图层，生成相应的纹理图案。

🖊 上手实操：照片抽丝效果

▶扫一扫　看视频◀

抽丝效果可以使照片更加柔和、视觉性强。用户可以通过"半调图案"滤镜制作抽丝效果。下面将对此进行介绍。

Step 01 打开本章素材文件"自行车.jpg",如图10-26所示。按Ctrl+J组合键复制一层。

Step 02 设置前景色为橘色(#eebf74),执行"滤镜>滤镜库"命令,打开"滤镜库"对话框,选择"素描"滤镜组中的"半调图案"滤镜,设置如图10-27所示参数,添加直线半调图案。

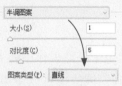

▼图10-26　　　　　　　　　▼图10-27

Step 03 完成后单击"确定"按钮,效果如图10-28所示。

Step 04 在"图层"面板中设置该图层混合模式为"叠加",不透明度为80%,效果如图10-29所示。至此,完成抽丝效果的制作。

"叠加"

▼图10-28　　　　　　　　　▼图10-29

10.3.4 艺术效果滤镜组

"艺术效果"滤镜组中的滤镜可以模拟多种艺术手法,使普通的图像更具有艺术性。如图10-30所示为"艺术效果"滤镜组中的滤镜。

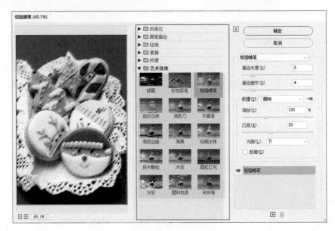

图10-30

该滤镜组中各滤镜作用如下。

① **壁画**：该滤镜可以使用短而圆的、粗略涂抹的小块颜料，绘制图像，模拟壁画的粗犷效果。

② **彩色铅笔**：该滤镜可以模拟使用彩色铅笔在纯色背景上绘制图像的效果。

③ **粗糙蜡笔**：该滤镜可以模拟蜡笔在纹理背景上应用绘图的效果。

④ **底纹效果**：该滤镜可以根据所选的纹理类型使图像产生相应的底纹效果。

⑤ **干画笔**：该滤镜可以使用干画笔技术（介于油彩和水彩之间）绘制图像边缘，模拟干画笔绘图效果，如图10-31、图10-32所示为添加"干画笔"滤镜前后对比效果。

⑥ **海报边缘**：该滤镜可以根据设置的选项对图像进行色调分离，减少图像中的颜色数量，如图10-33所示为添加"海报边缘"滤镜效果。

图10-31　　　　　　　图10-32　　　　　　　图10-33

⑦ **海绵：** 该滤镜可以模拟海绵浸湿后绘画的效果。

⑧ **绘画涂抹：** 该滤镜可以模拟不同类型和大小的画笔在画纸上涂抹的效果，如图10-34所示为添加"绘画涂抹"滤镜效果。

⑨ **胶片颗粒：** 该滤镜可以将平滑图案应用于阴影和中间色调，使图像产生胶片颗粒状纹理的效果。

⑩ **木刻：** 该滤镜可以使图像看上去好像是由边缘粗糙的剪纸片组成的剪纸画，如图10-35所示为添加"木刻"滤镜效果。

⑪ **霓虹灯光：** 该滤镜可以模拟灯光照射的效果。

⑫ **水彩：** 该滤镜以水彩的风格绘制图像，模拟蘸了水和颜料的中号画笔绘制以简化细节。

⑬ **塑料包装：** 该滤镜可以模拟塑料光泽效果，强调表面细节。

⑭ **调色刀：** 该滤镜可以减少图像细节，生成很淡的画布效果。

⑮ **涂抹棒：** 该滤镜可以使用短的对角描边涂抹暗区以柔化图像。亮区变得更亮，但会失去细节，如图10-36所示为添加"涂抹棒"滤镜效果。

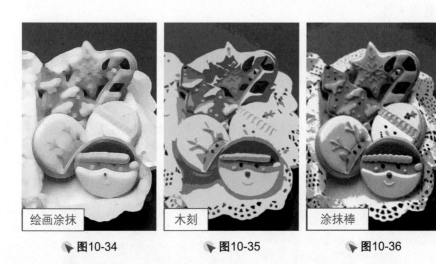

绘画涂抹　　木刻　　涂抹棒

▼ 图10-34　　　　▼ 图10-35　　　　▼ 图10-36

10.4 其他滤镜组

除了以上滤镜外，用户还可以在"滤镜"菜单中看到一些其他的滤镜组，如"风格化"滤镜组、"模糊"滤镜组、"扭曲"滤镜组等。下面将对此进行介绍。

10.4.1 风格化滤镜组

"风格化"滤镜组中的滤镜主要通过置换像素和增加图像的对比度，创建绘画式或印象派艺术效果。执行"滤镜 > 风格化"命令，打开如图10-37所示的子菜单。该滤镜组中各滤镜作用如下。

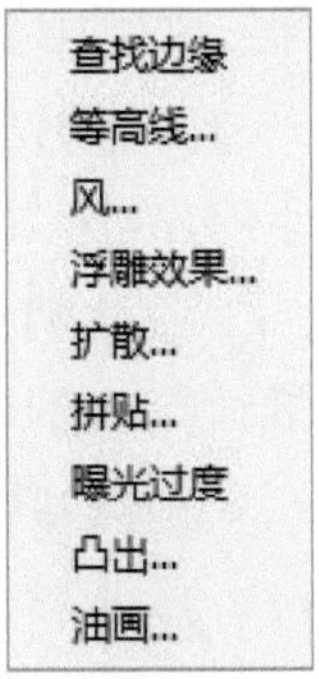

查找边缘
等高线...
风...
浮雕效果...
扩散...
拼贴...
曝光过度
凸出...
油画...

▼ 图10-37

① **查找边缘：** 该滤镜可以查找图像对比度强烈的边界并对其描边，突出边缘。

② **等高线：** 该滤镜可以查找图像的主要亮度区域，并为每个颜色通道勾勒主要亮度区域的转换，以获得与等高线图中的线条类似的效果。

③ **风：** 该滤镜可以通过添加细小水平线的方式模拟风吹的效果，如图10-38、图10-39所示为添加"风"滤镜前后对比效果。

④ **浮雕效果：** 该滤镜可以通过勾勒图像轮廓、降低周围色值的方式使选区凸起或压低。

⑤ **扩散：** 该滤镜可以通过移动像素模拟通过磨砂玻璃观察物体的效果。

⑥ **拼贴：** 该滤镜可以将图像分解为小块并使其偏离原来位置。

⑦ **曝光过度：** 该滤镜可以混合正片和负片图像，模拟显影过程中短暂曝光照片的效果。

⑧ **凸出：** 该滤镜可以通过将图像分解为多个大小相同且重叠排列的立方体，创建特殊的3D纹理效果，如图10-40所示为添加"凸出"滤镜效果。

原图   风   凸出

▼ 图10-38   ▼ 图10-39   ▼ 图10-40

⑨ **油画：** 该滤镜可以创建具有油画效果的图像。

⑩ **照亮边缘：** 该滤镜能让图像产生比较明亮的轮廓线。

10.4.2　模糊滤镜组

"模糊"滤镜组中的滤镜可以减少相邻像素间颜色的差异，使图像产生柔和、模糊的效果。执行"滤镜>模糊"命令，打开如图10-41所示的菜单。该滤镜组中各滤镜作用如下。

表面模糊…
动感模糊…
方框模糊…
高斯模糊…
进一步模糊
径向模糊…
镜头模糊…
模糊
平均
特殊模糊…
形状模糊…

▶图10-41

① **表面模糊**：该滤镜可以在保留边缘的同时模糊图像，常用于创建特殊效果并消除杂色或颗粒。

② **动感模糊**：该滤镜可以沿指定方向以指定强速进行模糊，如图10-42、图10-43所示为添加"动感模糊"滤镜前后对比效果。

③ **方框模糊**：该滤镜基于相邻像素的平均颜色值来模糊图像，生成类似方块状的特殊模糊效果。

④ **高斯模糊**：该滤镜可以快速模糊图像，添加低频细节，并产生一种朦胧效果，如图10-44所示为添加"高斯模糊"滤镜效果。

原图

动感模糊

高斯模糊

▶图10-42　　　　▶图10-43　　　　▶图10-44

⑤ **进一步模糊**：该滤镜可以通过平衡已定义的线条和遮蔽区域的清晰边缘旁边的像素，使变化显得柔和。效果比"模糊"滤镜强3~4倍。

⑥ **径向模糊**：该滤镜可以模拟相机缩放或旋转产生的模糊效果，如图10-45所示为添加"径向模糊"滤镜效果。

⑦ **镜头模糊**：该滤镜可以模仿镜头景深效果，模糊图像区域。

⑧ **模糊**：该滤镜可以在图像中有显著颜色变化的地方消除杂色。通过平衡已定义的线条和遮蔽区域的清晰边缘旁边的像素，使变化显得柔和。

⑨ **平均**：该滤镜可以找出图像或选区的平均颜色，然后用该颜色填充图像或选区以创建平滑的外观。

⑩ **特殊模糊：** 该滤镜可以精确地模糊图像，在模糊图像的同时仍具有清晰的边界，如图10-46所示为添加"特殊模糊"滤镜效果。

⑪ **形状模糊：** 该滤镜可以指定的形状作为模糊中心创建特殊的模糊，如图10-47所示为添加"形状模糊"滤镜效果。

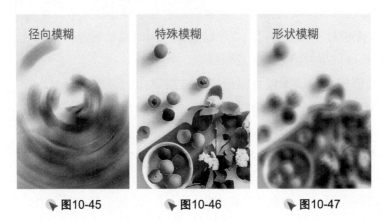

径向模糊　　　特殊模糊　　　形状模糊

▶ 图10-45　　　▶ 图10-46　　　▶ 图10-47

10.4.3 扭曲滤镜组

"扭曲"滤镜组中的滤镜可对平面图像进行扭曲，使其产生旋转、挤压、水波和三维等变形效果。执行"滤镜 > 扭曲"命令，打开如图10-48所示的子菜单。该滤镜组中各滤镜作用如下。

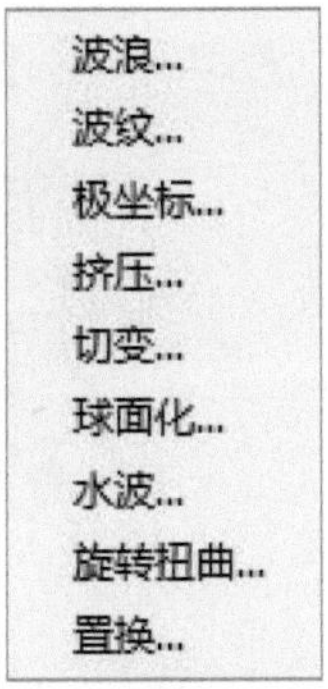

波浪...
波纹...
极坐标...
挤压...
切变...
球面化...
水波...
旋转扭曲...
置换...

① **波浪：** 该滤镜可以根据设定的波长和波幅产生波浪效果，如图10-49、图10-50所示为添加"波浪"滤镜前后对比效果。

② **波纹：** 该滤镜可以根据参数设定产生不同的波纹效果。

▶ 图10-48

③ **极坐标：** 该滤镜可以将图像从直角坐标系转化成极坐标系或从极坐标系转化为直角坐标系，产生极端变形效果，如图10-51所示为添加"极坐标"滤镜效果。

④ **挤压：** 该滤镜可以使全部图像或选区图像产生向外或向内挤压的变形效果。

⑤ **切变：** 该滤镜能根据用户在对话框中设置的垂直曲线来使图像发生扭曲变形。

⑥ **球面化：** 该滤镜能使图像区域膨胀实现球形化，形成类似将图像贴在

球体或圆柱体表面的效果。

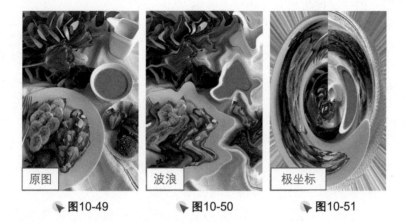

原图　　　　波浪　　　　极坐标

▼图10-49　　　▼图10-50　　　▼图10-51

⑦ **水波：**该滤镜可模仿水面上产生的起伏状波纹和旋转效果，用于制作同心圆类的波纹，如图10-52所示为添加"水波"滤镜效果。

⑧ **旋转扭曲：**该滤镜可以使图像发生旋转扭曲，中心的旋转程度大于边缘的旋转程度，如图10-53所示为添加"旋转扭曲"滤镜效果。

⑨ **置换：**该滤镜可以使用另一个PSD文件确定如何扭曲选区。

⑩ **玻璃：**该滤镜收录于滤镜库中，通过该滤镜能模拟透过玻璃观看图像的效果。

⑪ **海洋波纹：**该滤镜收录于滤镜库中，可以为图像表面增加随机间隔的波纹，使图像产生类似海洋表面的波纹效果，有"波纹大小"和"波纹幅度"两个参数值，如图10-54所示为添加"海洋波纹"滤镜效果。

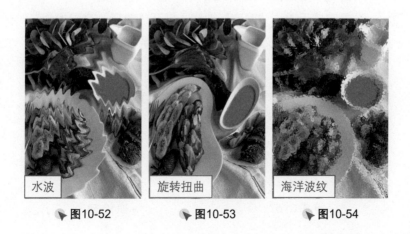

水波　　　　旋转扭曲　　　　海洋波纹

▼图10-52　　　▼图10-53　　　▼图10-54

⑫ **扩散亮光**：该滤镜收录于滤镜库中，通过该滤镜能使图像产生光热弥漫的效果，用于表现强烈光线和烟雾效果。

▶扫一扫　看视频◀

上手实操：T恤图案

使用"置换"滤镜，可以使图像的纹理走向更贴近置换的对象。下面将以T恤图案的添加为例，介绍"置换"滤镜的应用。

Step 01 ▶ 打开本章素材文件"T恤.jpg"，如图10-55所示。将其保存为PSD格式。

Step 02 ▶ 执行"文件 > 置入嵌入对象"命令，置入本章素材文件"图案.png"，调整至如图10-56所示的大小和位置。

▶ 图10-55

▶ 图10-56

Step 03 ▶ 选中置入的图案图层，执行"滤镜 > 扭曲 > 置换"命令，打开"置换"对话框，设置如图10-57所示的参数。

Step 04 ▶ 设置完成后单击"确定"按钮，打开"选择一个置换图"对话框，选择保存的PSD文件，如图10-58所示选择保存的"T恤.psd"文档。

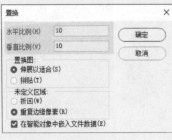
▶ 图10-57

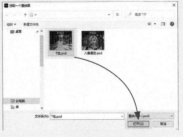
▶ 图10-58

Step 05 完成后单击"打开"按钮，应用"置换"滤镜效果，如图10-59所示为添加后效果。

Step 06 按Ctrl + Shift + Alt + E组合键盖印图层，按Ctrl + M组合键打开"曲线"对话框，选择"在图像中取样以设置白场" ![吸管] 吸管工具在天空最白处单击，软件将自动设置曲线如图10-60所示。

图10-59

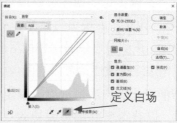

图10-60

Step 07 选择"RGB"通道，调整曲线为如图10-61所示S形，提亮暗部，降低亮部，完成后单击"确定"按钮，效果如图10-62所示。至此，完成T恤图案的添加。

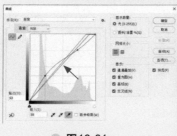

图10-61

图10-62

10.4.4 锐化滤镜组

"锐化"滤镜组效果与"模糊"滤镜组相反，该滤镜组中的滤镜主要是通过增强图像相邻像素间的对比度，使图像轮廓分明、纹理清晰，以减弱图像的模糊程度。执行"滤镜 > 锐化"命令，打开如图10-63所示的子菜单。

图10-63

该滤镜组中各滤镜作用如下。

① **USM锐化**：该滤镜可以通过增加图像像素的对比度，达到锐化图像的目的，如图10-64、图10-65所示为添加"USM锐化"滤镜前后效果。与其他锐化滤镜不同的是，该滤镜有参数设置对话框，用户在其中可以设定锐化的程度。

② **防抖**：该滤镜主要用于弥补相机运动导致的图像抖动虚化。

③ **进一步锐化**：该滤镜可以通过增加图像像素间的对比度使图像清晰。锐化效果较"锐化"滤镜更为强烈。

④ **锐化**：该滤镜可以通过增加图像像素间的对比度使图像清晰化。

⑤ **锐化边缘**：该滤镜可以对图像中具有明显反差的边缘进行锐化处理。

⑥ **智能锐化**：该滤镜可以设置锐化算法或控制在阴影和高光区域中进行的锐化量，以获得更好的边缘检测并减少锐化晕圈，如图10-66所示为添加"智能锐化"滤镜效果。

图10-64　　　　　图10-65　　　　　图10-66

10.4.5　像素化滤镜组

"像素化"滤镜组中的滤镜可以通过将图像中相似颜色值的像素转化成单元格的方法，使图像分块或平面化，将图像分解成肉眼可见的像素颗粒，如方形、不规则多边形和点状等，视觉上看就是由不同色块组成的图像。执行"滤镜 > 像素化"命令，打开如图10-67所示的子菜单。

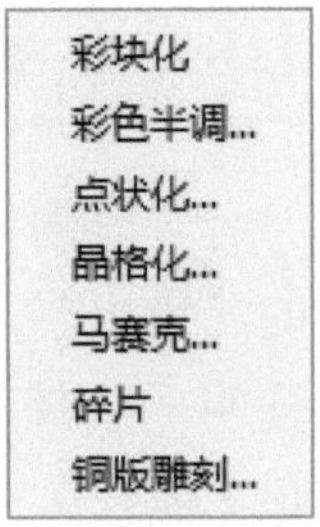

该滤镜组中各滤镜作用如下。

彩块化
彩色半调...
点状化...
晶格化...
马赛克...
碎片
铜版雕刻...

图10-67

① **彩块化**：该滤镜可以使纯色或相近颜色的像素结成相近颜色的像素块。

② **彩色半调**：该滤镜可以分离图像中的颜色，模拟在图像的每个通道上使用放大的半调网屏的效果，如图10-68、图10-69所示为添加"彩色半调"滤镜前后对比效果。

③ **点状化**：该滤镜可以将图像中的颜色分解为随机分布的网点，并使用背景色填充网点间隙。

④ **晶格化**：该滤镜可以集中图像中颜色相近的像素到一个多边形网格中，产生晶格化效果。

⑤ **马赛克**：该滤镜可以将图像分解成许多规则排列的小方块，模拟马赛克效果，如图10-70所示为添加"马赛克"滤镜效果。

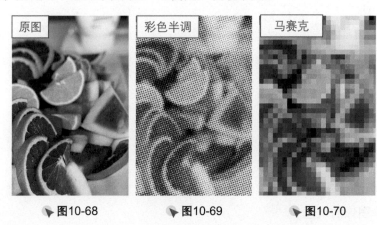

▶图10-68　　　　▶图10-69　　　　▶图10-70

⑥ **碎片**：该滤镜可以将图像中的像素复制四遍，然后将它们平均位移并降低不透明度，从而形成一种不聚焦的"四重视"效果。

⑦ **铜板雕刻**：该滤镜可以使用指定的点、线条和画笔重画图像，产生版刻画的效果，也能模拟出金属版画的效果。

10.4.6 杂色滤镜组

"杂色"滤镜组中的滤镜可以给图像添加一些随机产生的干扰颗粒，创建不同寻常的纹理或去掉图像中有缺陷的区域。执行"滤镜>杂色"命令，打开如图10-71所示的子菜单。

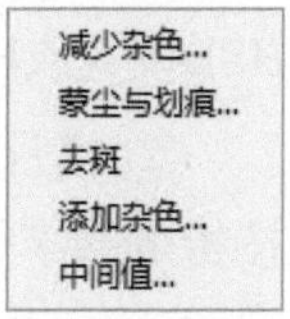

该滤镜组中各滤镜作用如下。

减少杂色...
蒙尘与划痕...
去斑
添加杂色...
中间值...

▶图10-71

① **减少杂色**：该滤镜主要用于去除图像中的杂色。

② **蒙尘和划痕**：该滤镜可以通过将图像中有缺陷的像素融入周围的像素，达到除尘和涂抹的效果，减少杂色，如图10-72、图10-73所示为添加"蒙尘和划痕"滤镜前后对比效果。

③ **去斑**：该滤镜可以检测图像的边缘（发生显著颜色变化的区域）并模糊除边缘外的所有选区。"去斑"滤镜可以在去除杂色的同时保留细节。

④ **添加杂色**：该滤镜主要用于在图像中添加像素颗粒，添加杂色。常用于添加纹理效果，如图10-74所示为添加"添加杂色"滤镜效果。

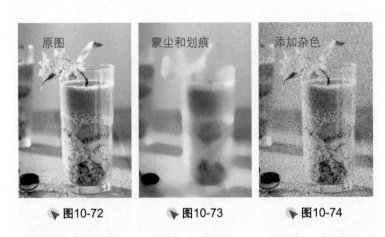

图10-72　　　　　　图10-73　　　　　　图10-74

⑤ **中间值**：该滤镜可以通过混合选区中像素的亮度来平滑图像中的区域，减少图像的杂色。

10.4.7　其它滤镜组

"其它"滤镜组可以自定滤镜，也可以修饰图像的某些细节部分。执行"滤镜＞其它"命令，打开如图10-75所示的子菜单。该滤镜组中各滤镜作用如下。

① HSB / HSL：该滤镜可以将图像由RGB模式转换为HSB模式或HSL模式。

② **高反差保留**：该滤镜可在有强烈颜色转变发生的地方按指定的半径保留边缘细节，并且不显示图像的其余部分。如图10-76、图10-77所示为添加"高反差保留"滤镜前后对比效果。

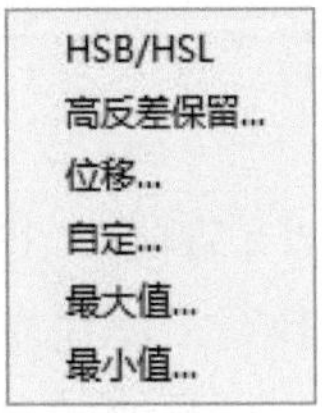

HSB/HSL
高反差保留...
位移...
自定...
最大值...
最小值...

图10-75

③ **位移：**该滤镜可以在参数设置对话框中调整参数值来控制图像的偏移，效果如图10-78所示。

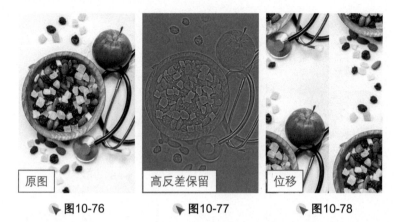

🔺 **图10-76**　　　　🔺 **图10-77**　　　　🔺 **图10-78**

④ **自定：**用户自定义的滤镜。用户可以根据预定义的算法，更改图像中每个像素的亮度值。

⑤ **最大值：**具有收缩的效果，向外扩展白色区域，并收缩黑色区域。

⑥ **最小值：**具有扩展的效果，向外扩展黑色区域，并收缩白色区域。

📌 上手实操：**彩铅头像**

▶扫一扫　看视频◀

头像是社交网络中必不可少的一个部分。用户可以通过Photoshop制作自己专属的头像。下面将以彩铅头像效果的制作为例，介绍滤镜的应用。

Step 01 ▶ 打开本章素材文件"头像.jpg"，如图10-79所示。按Ctrl + J组合键复制一层。

🔺 **图10-79**

Step 02 ▶ 选中复制的图层，按Ctrl + Shift + U组合键去色，如图10-80所示为去色后效果。

Step 03 ▶ 选中去色图层，按Ctrl + J组合键复制，按Ctrl + I组合键反相图像，如图10-81所示为反相后效果。

🔺 **图10-80**

Step 04 在"图层"面板中如图10-82所示设置该图层混合模式为"颜色减淡"。

图10-81   图10-82

Step 05 执行"滤镜 > 其它 > 最小值"命令，打开"最小值"对话框设置如图10-83所示参数，添加"最小值"滤镜。

Step 06 完成后单击"确定"按钮，效果如图10-84所示。

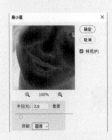

图10-83   图10-84

Step 07 选中背景图层，按Ctrl + J组合键复制，移动至图层最上方，如图10-85所示设置其混合模式为"颜色"。

Step 08 设置完成后，图像效果如图10-86所示。

图10-85   图10-86

Step 09 按Shift + Ctrl + Alt + E组合键盖印图层，隐藏除盖印图层以外的图层，如图10-87所示为盖印后效果。

Step 10 按住Shift键使用"椭圆选框工具"绘制正圆选区，效果如图10-88所示。

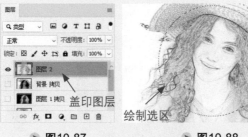

图10-87   图10-88

Step 11 单击"图层"面板底部的"添加图层蒙版" □ 按钮添加蒙版，效果如图10-89、图10-90所示。至此，完成彩铅头像的制作。

图10-89   图10-90

拓展练习：线上课程封面

对于线上课程来说，除了优秀老师的加持与课件过硬的质量，封面也是一个非常重要的标准，它可能决定了受众的第一印象。如图10-91所示为使用滤镜制作的线上课程封面效果。

图10-91

Step 01 ▶ 新建一个1920×1080（像素）的空白文档，将本章素材文件"水果.jpg"拖拽至该文档中，调整如图10-92所示大小。

Step 02 ▶ 选择置入的素材文件，按Ctrl + J组合键复制一层。选中复制图层，执行"滤镜 > 模糊 > 特殊模糊"命令，打开"特殊模糊"对话框，设置如图10-93所示参数，添加特殊模糊。

图10-92　　　　　　　　　　　图10-93

Step 03 ▶ 完成后单击"确定"按钮，效果如图10-94所示。

Step 04 ▶ 执行"滤镜 > 滤镜库"命令，打开"滤镜库"对话框，选择"艺术效果"滤镜组中的"水彩"滤镜，设置如图10-95所示参数，制作水彩效果。

特殊模糊

图10-94　　　　　　　　　　　图10-95

Step 05 ▶ 单击"滤镜库"对话框右下角的"新建效果图层"⊞按钮，创建新图层，选择"艺术效果"滤镜组中的"绘画涂抹"滤镜，设置如图10-96所示参数，添加绘画涂抹效果。

Step 06 ▶ 完成后单击"确定"按钮，效果如图10-97所示。

绘画涂抹滤镜

▶ 图10-96 ▶ 图10-97

Step 07 ▶ 执行"滤镜 > 杂色 > 添加杂色"命令，打开"添加杂色"对话框，设置如图10-98所示参数，添加彩色杂色，增加图像质感。

Step 08 ▶ 完成后单击"确定"按钮，如图10-99所示为添加杂色后效果。至此，完成背景的制作。

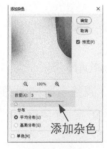

添加杂色

▶ 图10-98 ▶ 图10-99

Step 09 ▶ 执行"文件 > 置入嵌入对象"命令，置入本章素材文件"标志.png"，调整至如图10-100所示的大小与位置。

Step 10 ▶ 选择工具箱中的"矩形工具"□，在选项栏中设置填充为浅绿色（＃9ec559），描边为无，圆角为50像素，在图像编辑窗口中合适位置绘制圆角矩形，在"图层"面板中调整其不透明度为60%，效果如图10-101所示。

置入标志

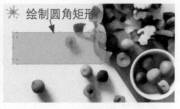

绘制圆角矩形

▶ 图10-100 ▶ 图10-101

Step 11 ▸ 选择"横排文字工具"**T**，在选项栏中设置字体为"StarLoveMarker"，字号为36点，颜色为橙色（# f8a33c），在图像编辑窗口中合适位置输入文字，如图10-102所示。

Step 12 ▸ 在"图层"面板中双击文字图层空白处，打开"图层样式"对话框，设置如图10-103所示的描边参数，为文字添加宽度为5像素的白色描边。

▼ 图10-102   ▼ 图10-103

Step 13 ▸ 完成后单击"确定"按钮，效果如图10-104所示。

Step 14 ▸ 选中文字图层，按Ctrl + J组合键复制，调整至原文字图层下方，向下移动复制的文字图层并设置文字颜色为深橙色（# ac5629），如图10-105所示。

▼ 图10-104   ▼ 图10-105

Step 15 ▸ 选中下方的文字图层，执行"滤镜 > 模糊 > 高斯模糊"命令，在弹出的提示对话框中单击"转换为智能对象"按钮，打开"高斯模糊"对话框，设置如图10-106所示参数，添加轻微的模糊效果。

> **❗ 注意事项**
>
> 文字图层等特殊图层不能直接应用滤镜效果，用户可将文字图层转换为智能对象图层或栅格化后再应用滤镜效果。

Step 16 ▶ 完成后单击"确定"按钮，效果如图10-107所示。

▼图10-106　　　　　　　　▼图10-107

Step 17 ▶ 使用"横排文字工具" T 输入其他文字，调整如图10-108所示的颜色、字号等。

Step 18 ▶ 选择"椭圆工具" ⬭，在选项栏中设置填充为浅绿色（#9ec559），描边为无，按住Shift键

▼图10-108

在图像编辑窗口中合适位置绘制正圆，在"图层"面板中调整顺序，使其位于文字图层下方。至此，完成线上课程封面的制作。

↑ 自我提升

▶扫一扫　看视频◀

1. 抽象装饰画

　　家居生活中，我们往往会选择装饰画或绿植来装扮室内，使房间内部更具生活气息。那么，如何得到一份独特的装饰画呢？我们可以选择将自己拍摄的照片处理成装饰画的质感，再进行装裱布置。请尝试运用本章所介绍的知识对图片进行处理，以实现如图10-109所示效果。

图10-109

▶扫一扫　看视频◀

2. 素描图像

素描可以使用单一颜色表现物体的明暗变化，是学习绘画的基础。通过Photoshop，我们可以将照片转换成素描的效果，使其更具艺术气息。请尝试运用本章所介绍的知识对图片进行处理，以实现如图10-110所示效果。

图10-110

第 11 章

有条不紊提效率——
动作与自动化的应用

在 Photoshop 中，为了减轻重复工作的负担，我们可以选择使用软件预设的动作或自己设计的动作批量处理图像，解放双手。动作和部分自动化命令相结合，还可以将文件导出为可用的图像格式，从而提高工作效率。

11.1 动作的应用

在Photoshop中，使用动作可以简化操作流程，批量化地处理一些重复性的操作，从而提高工作效率。

11.1.1 认识"动作"面板

"动作"面板中基本可以完成所有的动作操作，用户可以在"动作"面板中记录、应用、编辑和删除动作，还可以存储或载入动作文件。执行"窗口 >动作"命令或按Alt + F9组合键，即可打开如图11-1所示的"动作"面板。

该面板中部分常用选项作用如下。

① **停止播放/记录** ■：单击该按钮，将停止播放动作或停止记录动作。

▼ 图11-1

② **开始记录** ●：单击该按钮，将开始记录动作。

③ **播放选定的动作** ▶：选择"动作"面板中的动作后单击该按钮，将播放选中的动作。

④ **创建新组** ▢：单击该按钮将创建一个新的动作组。

⑤ **创建新动作** ▢：单击该按钮将创建一个新的动作。

⑥ **删除** 🗑：单击该按钮，将删除选中的动作组、动作或命令。

11.1.2 应用动作预设

"动作"面板中包括多组动作预设，即已经录制好的一些常用动作。在使用时，选择要应用的动作预设单击"播放选定的动作" ▶ 即可。如图11-2、图11-3所示为应用"四分颜色"动作预设的前后对比效果。

▼ 图11-2

▼ 图11-3

> **经验之谈**　若想单独应用"动作"面板中的某个命令，可以选中后按住Ctrl键单击"动作"面板中的"播放选定的动作" ▶ 按钮或按住Ctrl键双击"动作"面板中的命令即可。

11.1.3　新建动作

除了动作预设外，用户还可以将自己常用的一些操作录制为动作，从而使工作更具效率。在Photoshop中，大部分命令都可以通过动作录制。

打开"动作"面板，单击"创建新组" ▢ 按钮，在弹出的"新建组"对话框中设置动作组名称，如图11-4所示为创建"水印"动作组名称。完成后单击"确定"按钮，即可新建动作组。

单击"创建新动作" ▢ 按钮，打开"新建动作"对话框，在该对话框中设置动作名称等参数，如图11-5所示。完成后单击"记录"按钮，此时"动作"面板底部的"开始记录" ● 按钮将呈红色显示。按照步骤执行要记录的操作和命令，完成后单击"停止播放／记录" ■ 按钮即可新建动作。

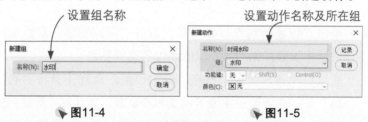

▶图11-4　　　　　　　　　▶图11-5

> **❶ 注意事项**
>
> 记录完成后，单击"开始记录" ● 按钮，仍可以在动作中追加记录或插入记录。

✎ 上手实操：裁剪动作

▶扫一扫　看视频◀

用户可以选择自行录制动作，以便后期的批处理。下面将以裁剪动作的录制为例，介绍动作的新建。

Step 01 ▶ 打开本章素材文件"下午茶.jpg"，如图11-6所示。

Step 02 ▶ 单击"动作"面板中的"创建新组" ▣ 按钮，在弹出的"新建组"对话框中设置如图11-7所示的动作组名称。完成后单击"确定"按钮，新建动作组。

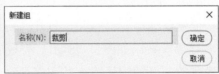

▼图11-6   ▼图11-7

Step 03 ▶ 单击"创建新动作" ⊞ 按钮，打开"新建动作"对话框，在该对话框中设置如图11-8所示的动作名称等参数。

Step 04 ▶ 完成后单击"记录"按钮，开始记录。选择工具箱中的"裁剪工具" 넉，在选项栏中设置高为800像素，宽为800像素，分辨率为300，在图像编辑窗口中调整图像如图11-9所示位置。

调整裁剪区

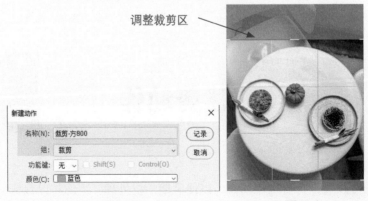

▼图11-8   ▼图11-9

Step 05 ➤ 双击确认，即可裁剪图像，如图11-10所示为裁减后效果。

Step 06 ➤ 按Ctrl + Shift + S组合键另存文件，设置如图11-11所示位置和名称。

 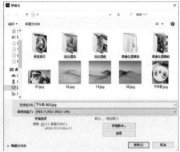

🔖**图11-10**　　　　　　　　🔖**图11-11**

Step 07 ➤ 完成后单击"保存"按钮，打开如图11-12所示的"JPEG选项"对话框，保持默认参数。

Step 08 ➤ 单击"确定"按钮，存储裁剪后的图像。按Ctrl + W组合键关闭文档，单击"动作"面板中的"停止播放/记录" ■ 按钮停止记录，如图11-13所示为停止后效果。至此，完成裁剪动作的创建。

新建的动作

🔖**图11-12**　　　　　　　　🔖**图11-13**

❗注意事项

创建完成动作后，用户可以结合"批处理图像"命令，使用动作批量处理图像。

11.1.4 编辑动作

创建好的动作还可以进行编辑，使其更符合用户需要。在Photoshop中，用户可以修改动作中的命令、重新排列动作顺序、复制动作等。下面将对此进行介绍。

（1）修改命令

若想对动作中的某一个命令进行修改，可以在"动作"面板中双击该命令，即可打开相应的对话框进行修改。

（2）顺序调整

动作中命令顺序的调整与图层顺序的调整比较类似，用户只需选中要调整顺序的命令，按住鼠标左键拖拽至合适位置即可。

（3）复制动作

若需要创建已有动作类似的动作，可以选择该动作，按住Alt键进行拖拽或单击"动作"面板中的菜单 ≡ 按钮，在弹出的快捷菜单中执行"复制"命令，即可复制该动作，用户可以在该动作的基础上进行修改，节省操作时间。

（4）删除动作

对于多余的动作命令，可以选择将其删除。选中要删除的动作命令，单击"动作"面板中的"删除" 🗑 按钮，在弹出的提示对话框中单击"确定"按钮即可。

（5）存储动作组

在"动作"面板中无法存储单个动作，用户需要将动作移动至动作组中进行存储。选中要存储的动作组，单击"动作"面板中的菜单 ≡ 按钮，在弹出的快捷菜单中执行"存储动作"命令，打开如图11-14所示的"另存为"对话框。在该对话框中设置参数后单击"保存"按钮即可保存动作组。

▼ 图11-14

11.2 自动化的应用

自动命令可以便捷地帮助用户进行重复性的操作。在Photoshop中，常用的自动命令有批处理图像、联系表Ⅱ、Photomerge等。

11.2.1 批处理图像

批处理一般都是结合动作来使用，通过批处理命令，可以批量地对一个文件夹中的文件运用相同的动作，实现图像的批量化处理。执行"文件 > 自动 > 批处理"命令，打开如图11-15所示的"批处理"对话框。

▼ 图11-15

该对话框中部分选项作用如下。

① **"播放"选项组**：用于设置处理文件的动作，用户可以在选择动作组后，选择该组中的动作。

② **"源"选项组**：用于选择要处理的文件，包括文件夹、导入、打开的文件和Bridge四个选项。其中，选择"文件夹"选项可以处理指定文件夹中的文件，单击"选择"按钮，在打开的对话框中选择文件夹即可；选择"导入"选项可以处理来自数码相机、扫描仪或其他设备中的图像；选择"打开的文件"可以处理当前打开的所有文件；选择"Bridge"选项可以处理Adobe Bridge中选定的文件。

③ **覆盖动作中的"打开"命令**：选择该复选框后，在批处理时将忽略动作中记录的"打开"命令。

④ **"目标"选项组**：用于设置批处理完成后文件存储的位置，包括无、存储并关闭和文件夹三个选项。其中，选择"无"选项表示不保存文件，文件仍处于打开状态；选择"存储并关闭"选项可以将文件存储在原始文件夹中并覆盖原始文件；选择"文件夹"选项可以指定存储文件夹，单击"选择"按钮在打开的对话框中选择文件夹即可。

⑤ **覆盖动作中的"存储为"命令**：用于覆盖动作中的"存储为"命令，保证文件按照"批处理"对话框中的设置存储。使用该选项时，动作中必须包含"存储为"命令。

⑥ **文件命名**：用于设置文件名称。

如图11-16、图11-17所示为图像批处理前后对比效果。

▼图11-16　　　　　▼图11-17

11.2.2 联系表Ⅱ

联系表命令可以拼合多个图像，使其以缩略图的方式在一个文档中显示。执行"文件 > 自动 > 联系表Ⅱ"命令，打开如图11-18所示的"联系表Ⅱ"对话框，在该对话框中设置参数后单击"确定"按钮，即可拼合图像，如图11-19所示为拼合后效果。

▼图11-18　　　　　▼图11-19

该对话框中部分选项作用如下。

① **"源图像"选项组**：用于选择要处理的文件或文件夹。选择"文件夹"选项时，单击"选取"按钮将打开"浏览文件夹"对话框选择文件。

② **"文档"选项组**：用于设置联系表的尺寸、分辨率等参数。选择"拼合所有图层"复选框后将创建所有图像和文本都位于一个图层上的联系表。

③ **"缩览图"选项组**：用于设置缩览图预览的版面。

④ **"将文件名用作题注"选项组**：用于确定是否使用源图像文件名标记缩览图。

11.2.3 Photomerge

Photomerge命令可以将照相机在同一水平线拍摄的序列照片进行合成，制作出全景图的效果。

执行"文件 > 自动 > Photomerge"命令，打开如图11-20所示的"Photomerge"对话框。在该对话框中单击"浏览"按钮添加素材文件，设置参数后单击"确定"按钮即可按照设置合成选中的图片。

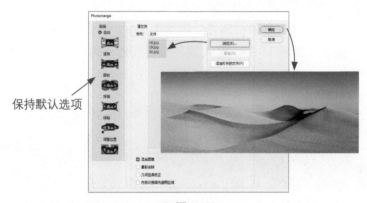

保持默认选项

▼ 图11-20

该对话框中部分选项作用如下。

① **版面**：用于设置转换为全景图片时的模式。

② **使用**：用于选择使用的素材文件，包括文件和文件夹两种选项。选择文件时，可以直接将选择的图像合并；选择文件夹时，可以将文件夹中的图像合并。

③ **混合图像**：选择该复选框，将找出图像间的最佳边界并根据这些边界创建接缝，并匹配图像的颜色。

④ **晕影去除**：选择该复选框，可以校正摄影时镜头中的晕影效果。

⑤ **几何扭曲校正**：选择该复选框，可以校正摄影时镜头中的几何扭曲效果。

⑥ **浏览**：单击该按钮，可以选择合成全景图的文件或文件夹。

⑦ **移去**：单击该按钮，可以删除列表中选中的文件。

⑧ **添加打开的文件**：单击该按钮，可以将软件中打开的文件直接添加到列表中。

扫一扫 看视频

上手实操：合成全景图

全景图可以尽可能多地表现出周围的环境，使观众形成更深切的感受。下面将以全景图的合成为例，介绍Photomerge命令的应用。

Step 01 ▶ 分别打开本章素材文件"风景-1.jpg""风景-2.jpg"和"风景-3.jpg"，如图11-21、图11-22、图11-23所示为分别打开的素材图像。

▼图11-21　　　▼图11-22　　　▼图11-23

Step 02 ▶ 执行"文件>自动>Photomerge"命令，打开"Photomerge"对话框，单击"添加打开的文件"按钮，如图11-24所示。单击"确定"按钮合成图像。

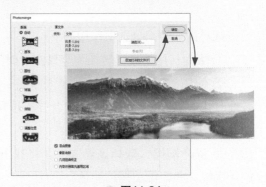

▼图11-24

Step 03 ▶ 选择工具箱中的"裁剪工具"，在选项栏中去除宽、高、分辨率的设置，在图像编辑窗口中调整图像，如图11-25所示为调整后效果。

▼图11-25

Step 04 双击确认裁剪，如图
11-26所示为裁剪后效
果。至此，完成全景
图的合成。

▶ 图11-26

11.2.4 图像处理器

图像处理器可以快速地对文
件夹中图像的文件格式进行转
换。执行"文件 > 脚本 > 图像处
理器"命令，打开如图11-27所示
的"图像处理器"对话框。在该
对话框中设置参数后即可转换图
像格式。

选择要处理的图像
选择存储位置
设置文件类型

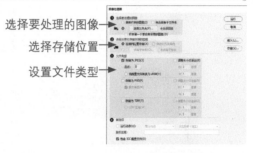

▶ 图11-27

如图11-28、图11-29所示为使用"图像处理器"命令转换图像格式的前后
效果。

▶ 图11-28　　　　　　　　　▶ 图11-29

 拓展练习：**批量添加水印**

日常生活中，发布照片之前，我们会习惯性地为其添加水印，以避免盗

图。少量的添加还好，如果图片很多的话，添加水印的工作就会变得很繁重。用户可以通过Photoshop批量添加水印，减少重复工作。下面将对此进行介绍。

Step 01 ▶ 打开本章素材文件"01.jpg"，如图11-30所示。

Step 02 ▶ 新建一个50×50（像素）、分辨率为72、背景为透明的空白文档，使用"横排文字工具" **T** 输入如图11-31所示的文字。字体、字号等可按自己喜好进行设置。

图11-30   图11-31

Step 03 ▶ 选中输入的文字，按Ctrl＋T组合键自由变换，旋转45°，如图11-32所示为旋转后效果。

Step 04 ▶ 执行"编辑＞定义图案"命令，打开"图案名称"对话框，设置如图11-33所示名称。

旋转

定义图案

图11-32   图11-33

Step 05 ▶ 完成后单击"确定"按钮，创建图案。返回"01.jpg"文档中，单击"动作"面板中的"创建新组" ▢ 按钮，在弹出的"新建组"对话框中设置如图11-34所示动作组名称。完成后单击"确定"按钮，新建动作组。

Step 06 单击"创建新动作" ⊞ 按钮，打开"新建动作"对话框，在该对话框中设置动作名称等参数如图11-35所示。

▽ 图11-34　　　　　　　▽ 图11-35

Step 07 完成后单击"记录"按钮，开始记录。单击"图层"面板底部的"创建新图层" ⊞ 按钮，新建图层，按Ctrl＋A组合键全选，创建选区。选择任一选择工具，在图像编辑窗口中右击鼠标，在弹出的快捷菜单中执行"填充"命令，打开"填充"对话框，选择内容为"图案"，找到水印图案，选择"脚本"复选框，设置"不透明度"为10%，如图11-36所示为设置完成后的"填充"对话框。

Step 08 完成后单击"确定"按钮，打开"砖形填充"对话框，设置参数，如图11-37所示为设置后的参数。

Step 09 完成后单击"确定"按钮，即可添加水印，如图11-38所示为添加水印的效果。按Ctrl＋D组合键取消选区。

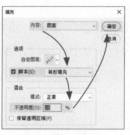

▽ 图11-36　　　　　　　▽ 图11-37

Step 10 按Ctrl＋Shift＋S组合键另存文件，单击"存储副本"按钮，打开"存储副本"对话框，如图11-39所示设置位置和名称。

▽ 图11-38　　　　　　　▽ 图11-39

Step 11 ▶ 完成后单击"保存"按钮，打开"JPEG选项"对话框，保持默认设置，单击"确定"按钮存储文件。在Photoshop中按Ctrl + W组合键关闭当前文档，在弹出的提示对话框中单击"否"按钮。单击"动作"面板中的"停止播放／记录" ■ 按钮停止记录，如图11-40所示为记录的"水印45°"动作步骤。

Step 12 ▶ 执行"文件＞自动＞批处理"命令，打开"批处理"对话框，在该对话中选择新建的动作组和动作，选择源文件夹，设置目标文件夹，选择"覆盖动作中的存储为命令"复选框，如图11-41所示为设置后效果。

▼图11-40　　　　　　　　　　　　　　　　▼图11-41

Step 13 ▶ 完成后单击"确定"按钮，即可自动打开源文件夹中的文件，应用动作并保存。如图11-42、图11-43所示为添加水印前后对比效果。至此，完成批量添加水印的操作。

▼图11-42　　　　　　　　　　　　　　　　▼图11-43

↑ 自我提升

1. 高饱和调色

在Photoshop中，我们可以总结调色的技巧，新建动作，从而批量化处理低饱和的照片，减少一张张调色的工作量。请结合动作、批处理等知识，制作如图11-44、图11-45所示的调整效果。

▼ 图11-44

▼ 图11-45

2. 风景区明信片

对热爱旅游的人来说，明信片是一个很有纪念意义的物品。下面请结合动作、批处理等知识点，制作九峰山风景区明信片，制作完成后效果如图11-46所示。

▼ 图11-46

第 12 章

化静为动观变化——
视频和动画的应用

动态的作品无疑会比静态图像更加吸引人的眼球。在新媒体工作中，我们可以通过视频和动画素材丰富 PPT 或推文内容，使文章更加生动有趣。在 Photoshop 中，用户可以通过"时间轴"面板进行视频和动画的创建与调整，制作出更具趣味的作品。

12.1 编辑视频

　　Photoshop除了处理平面素材外，还可以处理视频素材，输出视频或动画，从而丰富设计作品的表现形式。

12.1.1 视频时间轴

　　视频时间轴中可以处理大部分针对视频的操作。执行"窗口 > 时间轴"命令，即可打开"时间轴"面板，在该面板中单击"创建视频时间轴"按钮，即可创建如图12-1所示的视频时间轴。此时，该面板中将显示文档各个图层的帧持续时间和动画属性。

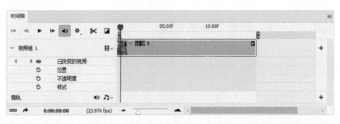

图12-1

　　该面板中部分常用选项作用如下。

　　① **关闭／启用音频播放** ◄›：单击该按钮，可以使音频轨道静音或取消静音。

　　② **设置回放选项** ✿：单击该按钮，在弹出的下拉菜单中可以设置媒体素材的分辨率以及是否循环播放。

　　③ **在播放头处拆分** ✂：单击该按钮，可以在当前时间指示器所在位置拆分媒体素材。

　　④ **启用关键帧动画** ☼：单击该按钮，将在当前时间指示器所在位置添加关键帧。添加关键帧后，相应状态的"启用关键帧动画" ☼ 按钮前将出现"关键帧导航器" ◄ ◇ ►。用户可以通过"关键帧导航器" ◄ ◇ ► 添加新的关键帧。

　　⑤ **转换为帧动画** ▭▭▭：单击该按钮，可以将视频时间轴转换到帧动画模式。

⑥ **渲染视频** ↗：单击该按钮后，将打开"渲染视频"对话框，在该对话框中设置参数后单击"渲染"按钮，即可导出视频。

⑦ **时间轴显示比例** ◂ △ ▴：用于设置时间轴显示比例。

⑧ **向轨道添加媒体/音频** +：单击该按钮，将打开"打开"对话框，选择合适的媒体素材添加至轨道中。

⑨ **时间标尺**：根据文档的持续时间和帧速率，水平测量持续时间或帧计数。

⑩ **当前时间指示器** ▾：用于指示当前时间，拖动当前时间指示器可浏览帧或更改当前时间或帧。

⑪ **工作区域指示器** ▯：用于标记要预览或导出的动画或视频的特定部分。

⑫ **时间轴菜单** ≡：单击该按钮，在弹出的下拉菜单中可以选择相应的命令，为时间轴添加注释、调整工作区域等。

12.1.2 导入视频

用户既可以直接打开视频素材文件，也可以通过导入的方式导入视频素材文件。这两种方法的区别在于：直接打开的视频素材将以视频图层的形式展示，而导入的视频素材将以帧的形式显示在图层中，如图12-2、图12-3所示分别为两种方法导入视频素材的效果。

▼ 图12-2 　　　　　▼ 图12-3

（1）打开视频素材文件

执行"文件 > 打开"命令或按Ctrl + O组合键，打开"打开"对话框，在该对话框中选中要打开的素材文件，单击"打开"按钮即可打开素材文件。

（2）导入视频素材文件

执行"文件 > 导入 > 视频帧到图层"命令，打开"打开"对话框，在该对话框中选择要打开的素材文件，单击"打开"按钮，打开如图12-4所示的"将视频导入图层"对话框。在该对话框中设置参数后单击"确定"按钮，即可导入视频帧。

▶ **图12-4**

在"将视频导入图层"对话框中，用户可以设置导入视频的范围等。

> **经验之谈**　除了以上两种方式外，用户还可以选择置入视频素材文件，置入的视频素材文件将以智能对象的形式出现在"图层"面板中，创建视频时间轴后按空格键可播放视频素材。

12.1.3　编辑视频

打开视频文件后，可以对视频进行编辑。常见的操作有重新载入素材、替换素材等。下面将对此进行介绍。

（1）重新载入素材

修改视频图层源文件后，再次打开包含更改源文件的视频图层的文档时，Photoshop一般会重新载入并更新素材。若在文档打开的情况下更改源文件，则可通过执行"图层 > 视频图层 > 重新载入帧"命令重新载入视频素材，以应用更改。

（2）替换视频图层中的素材

执行"图层 > 视频图层 > 替换素材"命令可以重新链接视频图层和源文

件。该命令还可以用其他视频或图像序列源中的帧替换视频图层中的视频或图像序列帧。

（3）变换视频图层

用户可以将视频图层转换为智能对象图层，以便像变换其他图层一样变换视频图层。

（4）调整视频持续时间

针对打开的视频素材文件，用户可以在"时间轴"面板中当前素材的图层持续时间条上右击，在弹出的面板中设置持续时间和速度，如图12-5所示为弹出的面板。

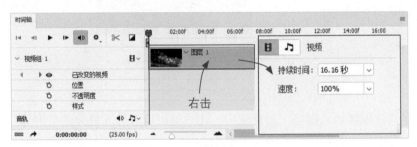

▼ 图12-5

（5）拆分视频图层

用户可以在指定的帧处将视频图层拆分为两个新的视频图层，以便单独进行编辑。

在"时间轴"面板中选中视频图层，移动当前时间指示器至要拆分处，单击"时间轴菜单" ≡ 按钮，在弹出的快捷菜单中执行"在播放头处拆分"命令或单击"时间轴"面板中的"在播放头处拆分" ✂ 按钮，即可拆分视频图层，如图12-6所示为拆分后效果。

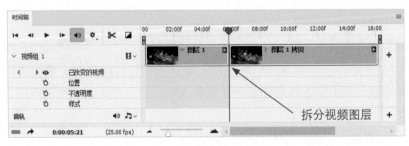

▼ 图12-6

（6）添加关键帧

在播放视频素材时，用户可以添加关键帧，使视频素材产生变化，制作出多种多样的视频效果。

移动"当前时间指示器" 🔻 至要添加关键帧的位置，单击"启用关键帧动画" 🕐 按钮，添加第一个关键帧，移动"当前时间指示器" 🔻，单击"在播放头处添加或移去关键帧" ◆ 按钮，再次添加关键帧，如图12-7所示为再次添加的关键帧。调整相应的参数，即可制作出变化的效果。

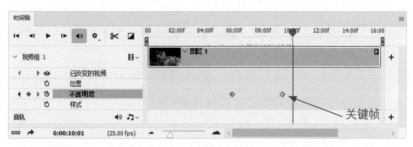

🔻 **图12-7**

添加关键帧后，若想删除关键帧，可以移动"当前时间指示器" 🔻 至要删除的关键帧处，单击"在播放头处添加或移去关键帧" ◆ 按钮，即可删除当前关键帧，或者选中要删除的关键帧，按Delete键删除。

若想删除所有的关键帧，单击"时间轴"面板中相应参数前的"移去现有关键帧" 🕐 按钮即可。

✒️ 上手实操：**制作进度条效果**

▶扫一扫　看视频◀

下面将以进度条效果的制作为例，介绍视频时间轴的应用。

Step 01 ▶　打开本章素材文件"背景.jpg"，如图12-8所示。按Ctrl＋J组合键复制一层。

Step 02 ▶　执行"滤镜＞模糊＞高斯模糊"命令，打开"高斯模糊"对话框，设置如图12-9所示参数，添加明显的高斯模糊效果。

▼ 图12-8　　　　　　　　▼ 图12-9

Step 03 ▶ 完成后单击"确定"按钮，添加模糊效果，如图12-10所示添加"高斯模糊"滤镜后效果。

Step 04 ▶ 使用"矩形工具"绘制如图12-11所示的矩形，在选项栏中设置填充为无，描边为白色，粗细为3像素。

绘制矩形

▼ 图12-10　　　　　　　　▼ 图12-11

Step 05 ▶ 选中绘制的矩形，按Ctrl + J组合键复制，在"属性"面板中设置描边为无，填充为白色，效果如图12-12所示。

Step 06 ▶ 选中复制的矩形，按Ctrl键单击图层缩览图，创建选区，单击"图层"面板底部的"添加图层蒙版" ▢ 按钮创建图层蒙版，单击图层蒙版与图层中间的链接 🔗 按钮，取消其链接，如图12-13所示为取消后效果。

复制并填充矩形　　　　添加图层蒙版并
　　　　　　　　　　　　取消链接

▼ 图12-12　　　　　　　　▼ 图12-13

Step 07　使用"横排文字工具"T 分别输入如图12-14所示的文字，确保每个字母如图12-15所示单独在一个图层。

输入文字

Loading……

图12-14

单独一层

图12-15

Step 08　执行"窗口＞时间轴"命令，打开"时间轴"面板，在该面板中单击"创建视频时间轴"按钮，创建视频时间轴。单击"矩形1拷贝"图层左侧的 › 箭头，展开其属性，移动"当前时间指示器" ▼ 至时间轴起始处，单击图层蒙版位置参数前的"启用关键帧动画" ⟳ 按钮，添加关键帧，如图12-16所示为添加第一个关键帧后"时间轴"面板显示效果。

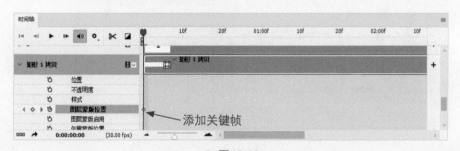

添加关键帧

图12-16

Step 09　在"图层"面板中选中蒙版缩览图，按键盘上的左方向键向左移动蒙版，直至矩形完全消失，如图12-17、图12-18所示为蒙版缩览图消失后效果。

Loading……

移动蒙版使其消失

图12-17　　　　图12-18

Step 10 ▶ 移动"当前时间指示器"▼ 至时间线末端，在"图层"面板中选中蒙版缩览图，按键盘上的右方向键向右移动蒙版，直至矩形完全出现，如图12-19、图12-20所示为矩形完全出现效果。

▼ 图12-19　　　　　　　　　▼ 图12-20

Step 11 ▶ 此时，"时间轴"面板中自动出现关键帧，如图12-21所示为"时间轴"面板中出现关键帧的效果。

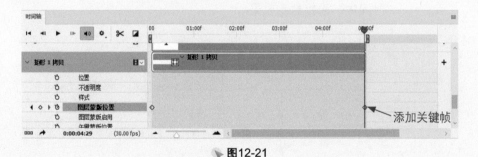

▼ 图12-21

Step 12 ▶ 在"时间轴"面板中展开"L"图层属性，移动"当前时间指示器"▼ 至时间轴起始处，单击变换参数前的"启用关键帧动画"按钮，添加关键帧，如图12-22所示为添加第一个关键帧后"时间轴"面板显示效果。

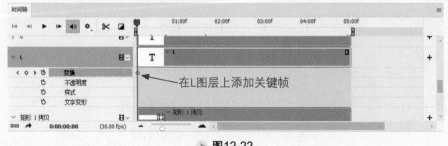

▼ 图12-22

Step 13 移动"当前时间指示器" ♥ 至"0:00:00:03"处，如图12-23所示向上移动"L"字母。

Step 14 在"时间轴"面板中展开"o"图层属性，单击变换参数前的"启用关键帧动画" ♂ 按钮，添加关键帧。移动"当前时间指示器" ♥ 至"0:00:00:06"处，如图12-24所示向下移动"L"字母，向上移动"o"字母，制作起伏的效果。

图12-23　　　　　　　　　　图12-24

Step 15 在"时间轴"面板中展开"a"图层属性，单击变换参数前的"启用关键帧动画" ♂ 按钮，添加关键帧。移动"当前时间指示器" ♥ 至"0:00:00:09"处，如图12-25所示向下移动"o"字母，向上移动"a"字母。

Step 16 重复操作，直至最后一个省略号，如图12-26所示为最终结束后效果。

图12-25　　　　　　　　　　图12-26

🔴 **注意事项**

完成该步骤后，"时间轴"面板中每个字母图层的"变换"属性都应有3个关键帧。

Step 17　此时，"时间轴"面板如图12-27、图12-28所示，不同的图层都添加了关键帧以使其在不同的时间呈现不同的结果。

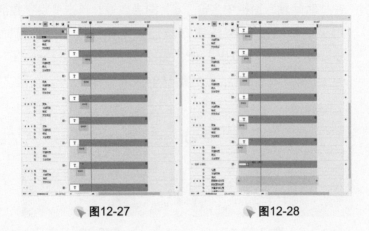

图12-27　　　　　　　　　　图12-28

至此，完成进度条效果的制作，效果如图12-29、图12-30所示。

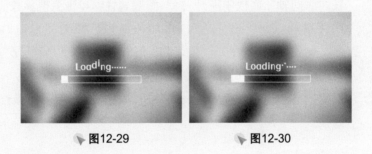

图12-29　　　　　　　　　　图12-30

◤ 12.2 创建帧动画

　　帧动画是指在时间轴的每帧上绘制不同的内容，连续播放时就形成了动画。帧动画的工作量很大，但具有极大的灵活性，在表现上也更加细腻。

12.2.1　帧动画时间轴

　　打开"时间轴"面板后，单击"创建帧动画"按钮，即可创建如图12-31所示的帧模式时间轴。

图12-31

该面板中部分常用选项作用如下。

① **选择帧延迟时间** 0秒∨：用于设置每帧的播放速度。

② **转换为视频时间轴** ▥：单击该按钮，可以使用关键帧将图层属性制作成动画，从而将帧动画转换为时间轴动画。

③ **选择循环选项** 永远 ∨：用于设置动画在作为动画GIF文件导出时的播放次数。

④ **过渡动画帧** ↘：单击该按钮，将打开"过渡"对话框，在该对话框中，可以设置过渡方式、过渡帧数等参数。

⑤ **复制所选帧** ▣：单击该按钮，将复制当前帧，从而在动画中添加帧。

⑥ **删除所选帧** 🗑：单击该按钮，将删除当前帧。

> **❶ 注意事项**
>
> 在"时间轴"面板中单击下拉按钮，在弹出的列表中选择如图12-32所示的"创建帧动画"选项。单击"创建帧动画"按钮即可创建帧模式时间轴。

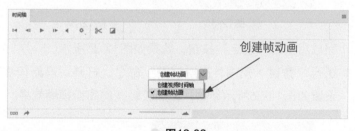

图12-32

12.2.2 创建帧动画

在Photoshop中创建帧动画的方式非常简单。创建帧模式时间轴后，选中第一帧缩览图，单击"复制所选帧" ▣ 按钮，复制当前帧，改变该帧内容，即可制作出变化的效果。

▶扫一扫 看视频◀

上手实操：动态下雨效果

帧动画可以通过连续播放，制作出动态效果。下面将以下雨效果的制作为例，介绍帧动画的创建。

Step 01 ▶ 打开本章素材文件"雨.jpg"，如图12-33所示。按Ctrl＋J组合键复制一层。

Step 02 ▶ 新建图层，设置前景色为黑色，按Alt＋Delete键填充前景色。执行"滤镜＞杂色＞添加杂色"命令，打开"添加杂色"对话框设置如图12-34所示参数，添加黑白杂色效果。

添加杂色

▼图12-33　　　　　▼图12-34

Step 03 ▶ 完成后单击"确定"按钮，效果如图12-35所示。

Step 04 ▶ 执行"滤镜＞模糊＞高斯模糊"命令，打开"高斯模糊"对话框设置如图12-36所示参数，添加较轻微的高斯模糊效果。

▼图12-35　　　　　▼图12-36

Step 05 ▶ 完成后单击"确定"按钮，效果如图12-37所示。

Step 06 ▶ 执行"滤镜 > 模糊 > 动感模糊"命令，打开"动感模糊"对话框设置如图12-38所示参数，制作雨丝的效果。

▼图12-37　　　　　▼图12-38

Step 07 ▶ 完成后单击"确定"按钮，效果如图12-39所示。

Step 08 ▶ 按Ctrl + L组合键打开"色阶"对话框如图12-40所示设置参数，增强黑白对比。

 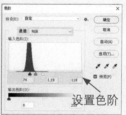

▼图12-39　　　　　▼图12-40

Step 09 ▶ 完成后单击"确定"按钮，在"图层"面板中设置该图层混合模式为"滤色"，不透明度为70%，效果如图12-41所示。

Step 10 ▶ 选中"图层1"，按Ctrl + J组合键复制，按Ctrl + T组合键自由变换，将其放大，如图12-42所示为放大后效果。

▼图12-41　　　　　▼图12-42

Step 11 执行"窗口＞时间轴"命令，打开"时间轴"面板，单击"创建帧动画"按钮，创建如图12-43所示的帧动画。

创建帧动画

图12-43

Step 12 单击"时间轴"面板中的"选择帧延迟时间" ∨ 按钮设置帧在回放过程中的持续时间为"0.2秒"，如图12-44所示为设置后效果。在"图层"面板中隐藏"图层1拷贝"图层。

设置帧动画参数

图12-44

Step 13 单击"时间轴"面板中的"复制所选帧" ◻ 按钮，复制当前帧，在"图层"面板中显示"图层1拷贝"图层，隐藏"图层1"图层，如图12-45、图12-46所示为设置完成后效果。

图12-45　　　　图12-46

至此，完成下雨效果的制作。按空格键可播放观看效果。

经验之谈 若想将制作的帧动画导出为GIF格式，可以执行"文件＞存储为"命令，在弹出的"另存为"对话框中选择保存类型为GIF即可。用户也可以执行"文件＞导出＞存储为Web所用格式（旧版）"命令，在弹出的"存储为Web所用格式"对话框中设置格式为GIF，从而导出GIF动画。

12.2.3 编辑帧动画

创建帧动画后，可以对动画中的帧进行编辑，使动画效果更加流畅。

（1）新建帧

除了使用"复制所选帧" 按钮复制当前帧外，用户还可以单击"时间轴"面板中的菜单 按钮，在弹出的快捷菜单中执行"新建帧"命令，即可复制当前帧。

（2）拷贝/粘贴帧

"拷贝帧"命令可以拷贝图层的配置（包括每个图层的可见性设置、位置和其他属性），"粘贴帧"命令可以将图层的配置应用到目标帧。

选中要拷贝图层配置的帧，单击"时间轴"面板中的菜单 按钮，在弹出的快捷菜单中执行"拷贝单帧"命令，即可拷贝帧。选中目标帧，再次单击"时间轴"面板中的菜单 按钮，在弹出的快捷菜单中执行"粘贴单帧"命令，打开如图12-47所示的"粘贴帧"对话框中，从中设置参数，完成后单击"确定"按钮即可粘贴帧。该对话框中各选项作用如下。

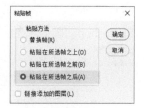

图12-47

① **替换帧：**选择该选项，将使用拷贝的帧替换所选帧。

② **粘贴在所选帧之上：**选择该选项，将会把粘贴的帧的内容作为新图层添加至所选帧的图像中。

③ **粘贴在所选帧之前：**选择该选项，将在目标帧之前粘贴拷贝的帧。

④ **粘贴在所选帧之后：**选择该选项，将在目标帧之后粘贴拷贝的帧。

⑤ **链接添加的图层：**选择该复选框，将链接"图层"面板中粘贴的图层。

（3）反向帧

"反向帧"命令可以反转动画帧的顺序，用户可以选中要反转的帧，单击"时间轴"面板中的菜单 按钮，在弹出的快捷菜单中执行"反向帧"命令，即可反转选中帧的顺序。

注意事项

要反向的帧可以是不连续的。

（4）删除帧

若要删除"时间轴"面板中多余的帧，可以选中要删除的帧后单击"时间轴"面板底部的"删除所选帧" 按钮或单击"时间轴"面板中的菜单按钮，在弹出的快捷菜单中执行"删除单帧"或"删除多帧"命令，即可删除选中的帧。

若要删除所有的帧，可以单击"时间轴"面板中的菜单 ☰ 按钮，在弹出的快捷菜单中执行"删除动画"命令，即可删除整个动画，此时，"时间轴"面板中仅保留第一帧。

▶ 拓展练习：**指纹扫码动画**   +⁺

指纹扫码动画是微信公众号中常见的一种动画，该动画可以增加推文的趣味性，吸引读者关注公众号。下面将以指纹扫码动画的制作为例，介绍Photoshop动画效果的制作。

Step 01 ▷ 新建一个800×800（像素）、分辨率为72的空白文档。将本章素材文件"指纹.png"拖拽至该文档中，调整至如图12-48所示大小与位置。

Step 02 ▷ 按Ctrl＋J组合键复制一层，双击复制图层的名称右侧空白处，打开"图层样式"对话框，选择"颜色叠加"选项卡设置参数，颜色设置为灰色（＃b4b4b4），如图12-49所示为设置后的具体参数。

Step 03 ▷ 完成后单击"确定"按钮，效果如图12-50所示

Step 04 ▷ 在"图层"面板中选择"指纹拷贝"图层，右击鼠标，在弹出的快捷菜单中执行"栅格化图层样式"命令，将图层样式栅格化，如图12-51所示为栅格化后效果。

▼图12-48   ▼图12-49

▼图12-50 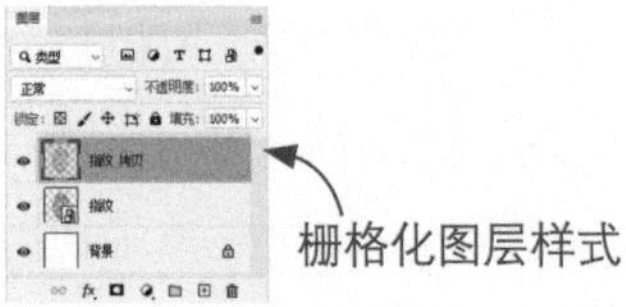   ▼图12-51

栅格化图层样式

Step 05 使用"矩形选框工具" □ 在图像编辑窗口中创建如图12-52所示的选区。

Step 06 单击"图层"面板底部的"添加图层蒙版" ■ 按钮创建图层蒙版，单击图层蒙版与图层中间的链接按钮，取消其链接，如图12-53所示为取消链接后效果。

创建选区

添加图层蒙版，取消链接

▶ **图12-52** 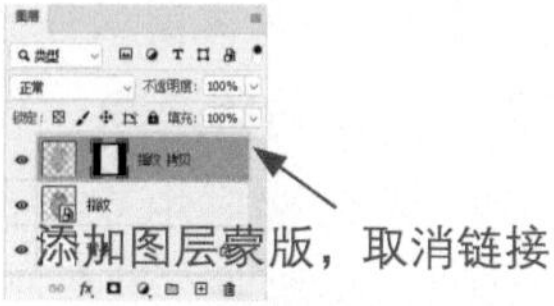　　　▶ **图12-53**

Step 07 执行"窗口 > 时间轴"命令，打开"时间轴"面板，在该面板中单击"创建视频时间

添加关键帧

▶ **图12-54**

轴"按钮，创建视频时间轴。单击"指纹拷贝"图层左侧的 › 箭头，展开其属性，移动"当前时间指示器" ♥ 至时间轴起始处，单击图层蒙版位置参数前的"启用关键帧动画" ⏱ 按钮，添加关键帧，如图12-54所示为添加第一个关键帧后"时间轴"面板显示效果。

Step 08 移动"当前时间指示器" ♥ 至时间线末端，在"图层"面板中选中蒙版缩览图，按键盘上的下方向键向下移动蒙版，直至灰色指纹完全消失，如图12-55、图12-56所示为灰色指纹消失后效果。

移动蒙版使其消失

▶ **图12-55**　　　▶ **图12-56**

添加关键帧

▶ **图12-57**

Step 09 此时，"时间轴"面板中将如图12-57所示自动出现关键帧。

Step 10 移动"当前时间指示器" 📍 至时间轴起始处。新建图层，设置前景色为与指纹一致的蓝色，选择"画笔工具" ✏，在选项栏中选择柔边圆笔刷，设置画笔大小为150像素，不透明度为100%，在图像编辑窗口中单击，创建如图12-58所示的柔边圆。

绘制柔边圆

▼图12-58

Step 11 按Ctrl＋T组合键自由变换该柔边圆，效果如图12-59所示。

Step 12 选择"矩形工具" □，在选项栏中设置填充为无，描边为与指纹颜色一致的蓝色，粗细为10像素，圆角为20，在图像编辑窗口中合适位置绘制如图12-60所示的圆角矩形。

自由变换

▼图12-59

Step 13 为"矩形1"图层添加图层蒙版，使用"画笔工具" ✏ 涂抹，隐藏部分内容，如图12-61所示为隐藏部分内容后效果。

绘制圆角矩形

▼图12-60

Step 14 单击"图层1"图层左侧的 ❯ 箭头，展开其属性，单击位置参数前的"启用关键帧动画" ⏱ 按钮，添加关键帧，如图12-62所示为添加第一个关键帧后"时间轴"面板显示效果。

添加图层蒙版隐藏部分内容

▼图12-61

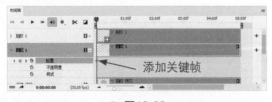

添加关键帧

▼图12-62

Step 15 移动"当前时间指示器" 📍 至时间线末端，在"图层"面板中选中图层1，按键盘上的下方向键向下移动图形，直至该图层中的形状位于下方，在"图层"面板中选中指纹拷贝图层蒙版缩览图，移动蒙版，如图12-63、图12-64所示为移动后效果。

移动图形位置

移动蒙版使其出现

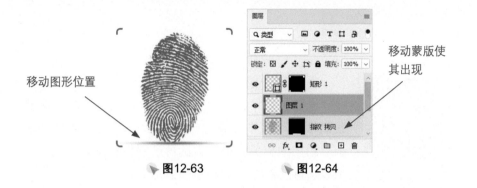

▼ 图12-63　　　　　▼ 图12-64

Step 16 此时，"时间轴"面板中将如图12-65所示自动出现关键帧。

添加关键帧

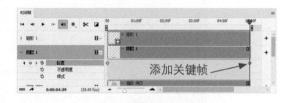

▼ 图12-65

Step 17 按空格键将呈现如图12-66、图12-67所示播放效果。

Step 18 按Ctrl + Shift + S组合键另存文件，选择保存类型为GIF，如图12-68所示为设置的具体参数。

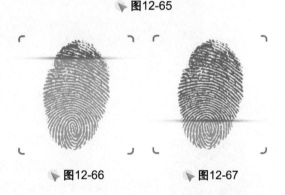

▼ 图12-66　　　　　▼ 图12-67

Step 19 单击"保存"按钮，打开如图12-69所示的"GIF存储选项"对话框，保持默认设置后单击"确定"按钮，即可保存GIF文件。至此，完成指纹扫码动画的制作。

▼ 图12-68　　　　　▼ 图12-69

↑ 自我提升

▶扫一扫　看视频◀

1. 表情包制作

　　表情包是日常聊天中非常常用的道具，可以帮助我们缓解聊天中的尴尬气息，活跃气氛。请综合动画、图层的相关知识，尝试自己制作动态表情包，完美表达自己心情，效果如图12-70所示。

▼图12-70

▶扫一扫　看视频◀

2. 一闪一闪亮晶晶

　　在公众号文章的开头或结尾，我们可以添加一些简单的动画效果以丰富画面，使内容更加轻松。下面请综合动画、图层的相关知识，制作星星闪烁的动画效果，如图12-71所示。

▼图12-71

附录

附录1
新手常见疑难问题汇总

Q01：Photoshop工作界面的颜色可以调整吗？

A：可以的。打开软件后执行"编辑 > 首选项 > 界面"命令，在"界面"选项栏中选择合适的"颜色方案"，然后单击"确定"按钮即可调整工作界面颜色。

Q02：面板关闭后，怎么再次打开？

A：执行"窗口"命令，在弹出的菜单中执行命令，即可打开相应的面板，从而进行设置。

Q03：网格的间隔比较小，能放大吗？

A：可以。在Photoshop中，执行"编辑 > 首选项 > 参考线、网格和切片"命令，即可打开"首选项"对话框，选择"参考线、网格和切片"选项卡，在该选项卡中可以对网格的颜色、间隔等属性，以及参考线的颜色、线条样式等进行设置。

Q04：操作失误了，怎么恢复？

A：在未关闭文档的情况下，按Ctrl + Z组合键可以恢复到上一步，用户也可以在"历史记录"面板中，找到需要恢复的操作步骤单击即可。

Q05：图像分辨率越高越好吗？

A：相同尺寸下，图像的分辨率越高，所包含的信息就越多，图像也越清晰，印刷质量越好，但同时，分辨率高的图像的存储空间也会变大，在使用时，需要根据实际情况进行选择。

Q06：按快捷键切换工具怎么没有反应？

A：当前输入法状态为中文模式时，使用快捷键将默认为输入文字状态，用户可切换输入法为英文模式，再使用快捷键切换工具。

Q07：“图层”面板中的“不透明度”选项和“填充”选项有什么区别？

A：“不透明度”选项和“填充”选项都可用于设置图层的不透明度，但其作用范围是有区别的。“填充”只用于设置图层的内部填充颜色，对添加到图层的外部效果（如投影）不起作用。

Q08：怎么修改当前图层的名称？

A：在“图层”面板中双击图层名称，使其变为可编辑状态，输入新的名称后在空白处单击或按Enter键即可。

Q09：没有执行“自由变换”命令，为什么选中对象周围依然出现了变换控件？

A：使用“选择工具” ✛ 选择对象时，若选择了选项栏中的“显示变换控件”复选框，那么选中的对象周围将显示变换控件；取消选择该复选框将不显示。

Q10：怎么将形状图层、文字图层、智能对象图层等转换为普通图层？

A：在“图层”面板中选中要转换的图层，右击鼠标，在弹出的快捷菜单中执行“栅格化图层”命令或“栅格化文字”命令即可。

Q11：普通图层怎么转换为背景图层？

A：选中要转换为背景图层的图层，执行“图层 > 新建 > 背景图层”命令，即可将该图层转换为背景图层。

Q12：怎么调整图层中对象的大小？

A：选中要调整的对象，按Ctrl + T组合键或执行“编辑 > 自由变换”命令，即可显示其变换控件进行调整，右击鼠标，还可在弹出的快捷菜单中执行相应的命令，进行更精确的调整或翻转。

Q13: 怎么在图像或选区中填充颜色或图案？

A："油漆桶工具" 🪣 可以使用前景色或图案填充颜色相近的区域。选择"油漆桶工具" 🪣，在要填充的区域单击即可。用户也可以通过快捷键快速的为图像或选区填充前景色或背景色，其中，按Ctrl + Delete组合键填充背景色，按Alt + Delete组合键填充前景色。

Q14: 怎样定义画笔？

A：选择要定义为画笔的图像或通过选区工具创建要定义画笔的选区，执行"编辑 > 定义画笔预设"命令，在打开的"画笔名称"对话框中设置画笔名称，完成后单击"确定"按钮即可将选择的对象定义为画笔。

Q15: 怎么在图像或选区中填充渐变色？

A："渐变工具" ■ 可以创建颜色间的渐变混合。选择"渐变工具" ■，在选项栏中设置渐变色和渐变类型，在图像编辑窗口中按住鼠标进行拖拽，即可填充渐变色。

Q16: "自定形状工具" ✿ 的形状很少，在哪找旧版形状添加？

A：执行"窗口 > 形状"命令，打开"形状"面板，单击右上角的菜单 ≡ 按钮，在弹出的快捷菜单中执行"旧版形状及其他"命令，即可将其添加至"形状"面板中。

Q17: 形状创建后，还可以对其填充及描边参数进行修改吗？

A：可以。选中形状图层，在"属性"面板中可以对其尺寸、填充颜色、描边参数等进行修改。也可以选择形状图层后，选择任意形状工具，在选项栏中设置填充、描边等参数。

Q18: 同样是利用图像或图案中的样本像素修复图像，"修复画笔工具" 🖌 和"仿制图章工具" 🔨 有什么本质上的区别？

A："修复画笔工具" 🖌 可以将样本像素的纹理、光照、透明度和阴影与所修复的像素进行匹配，从而与周围更好地融合，而"仿制图章工具" 🔨

仅是单纯的仿制。

Q19："仿制图章工具" ♣ 可以跨文档应用吗？

A：可以。使用"仿制图章工具" ♣ 取样后，在另一打开文档中直接绘制即可。

Q20：如何快速调整修复类工具笔刷的硬度？

A：除了在选项栏中进行调整外，用户还可以通过快捷键调整笔刷的硬度。按Shift + [组合键可以降低笔刷硬度，按Shift +]组合键可以增加笔刷硬度。

Q21：锐化图像时，程度越高越清晰吗？

A：锐化程度不宜过高，否则会使图像失真。

Q22：想制作景深效果，可以使用什么工具？

A：模糊工具。

Q23：怎么消除选区的锯齿？

A：若想消除锯齿，需要在创建选区前选择"消除锯齿"复选框，否则将不起效果。消除锯齿适用于套索工具、多边形套索工具、磁性套索工具、椭圆选框工具和魔棒工具。

Q24：怎么快速选取人像中皮肤区域？

A：执行"选择 > 色彩范围"命令，在"选择"下拉列表中选择"肤色"，即可自动检测人脸以选择皮肤区域。

Q25：使用"磁性套索工具" ♪ 时可以手动添加锚点吗？

A：可以。选择"磁性套索工具" ♪ 绘制选区时，单击即可手动添加锚点；若对绘制的锚点不满意，可按Delete键删除上一个锚点。

Q26：可以将路径复制到其他文档中吗？

A：可以。使用"路径选择工具" ▶ 选中要复制的路径或在"路径"面板中选中要复制的路径，执行"编辑 > 拷贝"命令或按Ctrl + C组合键拷贝，在目标文档中执行"编辑 > 粘贴"命令或按Ctrl + V组合键粘贴即可。

Q27：按Delete键删除锚点和使用"删除锚点工具" ⌀ 删除锚点有什么区别？

A：使用"删除锚点工具" ⌀ 删除锚点不会打断路径，而按Delete键会同时删除锚点两侧的线段，从而打断路径。

Q28：使用"钢笔工具" ⌀ 绘制路径的过程中，怎么对绘制的路径进行调整？

A：绘制过程中，按住Ctrl键可暂时切换至"直接选择工具" ▷，方便对锚点的位置及控制并进行调整；按住Alt键可暂时切换至"转换点工具" ⌐，转换锚点类型。

Q29：在相应的色调调整对话框中设置参数时，若对效果不满意，怎么恢复原始状态？

A：按住Alt键，对话框中的"取消"按钮将变为"复位"按钮，单击即可将参数设置绘制至默认值。

Q30："去色"和"黑白"命令的区别是什么？

A：去色与黑白得到的效果比较接近，不同的是，黑白可以对效果进行调整，保留更多的图像细节，从而得到更加细腻的图像。

Q31：怎么理解"自然饱和度"命令？

A："自然饱和度"命令不会生成饱和度过高或过低的颜色，图像画面将维持在一个比较平衡的色调，常用于处理人像。

Q32：怎么调整图像局部区域的色调？

A：新建调整图层后，在"属性"面板中设置参数，在蒙版缩览图中使用画笔工具绘制隐藏不需要调整的区域即可。

Q33：怎么快速调整色调？

A：执行"图像"命令，在弹出的快捷菜单中可以执行三个自动命令调整图像色调。其中，"自动色调"命令可以自动调整图像色调；"自动对比度"命令可以自动调整图像对比度；"自动颜色"命令可以通过搜索图像来标识阴影、中间调和高光，从而调整图像的对比度和颜色。

Q34：怎么输入直排且直立显示的英文？

A：输入直排英文（垂直方向）后，单击"字符"面板右上角的菜单 ≡ 按钮，在弹出的快捷菜单中执行"标准垂直罗马对齐方式（R）"命令即可将文本直立显示。

Q35：文本可以转换为形状吗？

A：可以。选中文字图层，执行"文字>转换为形状"命令，即可将文本转换为带有矢量蒙版的形状图层，转换后不会保留文本图层。

Q36：文字输入后，怎么重新进行编辑？

A：若想对文字重新进行编辑，在选中文字工具的情况下单击要编辑的文字或选中"移动工具" ✛ ，双击要编辑的文字即可进入文字编辑状态。

Q37：怎么调整一行文字中单个文字的效果？

A：用户可以进入文字编辑状态选择单个字符调整其颜色、大小等参数。但若想为文字添加变形等操作，需要将其输入到不同的文字图层进行调整。

Q38：带有专色通道的图像可以直接打印吗？

A：除了默认的颜色通道外，每一个专色通道都有相应的印版，在打印输出一个含有专色通道的图像时，必须先将图像模式转换到多通道模式下。

Q39：使用Photoshop处理图像后，分离通道是灰色的，用不了，为什么？

A：未合并的PSD格式的图像文件无法进行分离通道的操作，可以先尝试合并所有图层，再进行分离通道的操作。

Q40："应用图像"命令怎么理解？

A："应用图像"命令可以将一个图像的图层和通道与当前图像的图层和通道混合，从而制作特殊的效果。打开包含2个图层的文档，执行"图像 > 应用图像"命令，即可打开"应用图像"对话框，在该对话框中即可设置"源"图像与"目标"图像的混合。

Q41："应用图像"命令和"计算"命令的区别在哪？

A："计算"命令可以混合两个来自一个或多个源图像的单个通道，制作出新的选区图像通道。与"应用图像"命令相比，"计算"命令不会对图像效果产生影响。

Q42：蒙版最大的优点是什么？

A：使用蒙版可以无损编辑图像，方便用户在操作失误时及时修改。

Q43：添加蒙版后，怎么单独移动蒙版或图像？

A：解除图像和蒙版之间的链接后，在"图层"面板中选择蒙版或图像缩览图，即可单独进行移动。

Q44：为剪贴蒙版添加图层样式，怎么没有效果？

A：若想为剪贴蒙版添加图层样式，需要选择基底图层进行添加，为内容图层添加图层样式将不会显示在剪贴蒙版形状上。

Q45：矢量蒙版可以转换为图层蒙版吗？

A：可以。将矢量蒙版栅格化后，矢量蒙版将转换为图层蒙版。选中要转换为图层蒙版的矢量蒙版，执行"图层 > 栅格化 > 矢量蒙版"命令，或在"图层"面板中蒙版缩略图上方右击鼠标,在弹出的快捷菜单中选择"栅格化矢量蒙版"命令,即可将矢量蒙版转换为图层蒙版。矢量蒙版栅格化后,无法再改回矢量对象。

Q46:删除图层蒙版后,应用在其上的效果还存在吗?

A:不会。删除图层蒙版后,应用在其上的效果也会随之消失。

Q47:蒙版中的黑、白、灰区域分别有什么效果?

A:蒙版中黑色区域的部分将被隐藏,白色区域的部分被显示,灰色区域的部分呈半透明状显示。

Q48:有没有办法设置滤镜的不透明度和混合模式?

A:有。"渐隐"命令可以改变滤镜效果的混合模式和不透明度。为图层添加滤镜效果后,执行"编辑 > 渐隐"命令,或按Shift + Ctrl + F组合键,打开"渐隐"对话框,在该对话框中可以对滤镜的不透明度和混合模式进行设置。要注意的是,"渐隐"命令将只作用于最后一个滤镜效果,若在添加滤镜效果后执行了其他操作,则"渐隐"命令将会发生相应的改变或无法使用。

Q49:滤镜可以应用到所有模式的图像中吗?

A:不是。颜色模式为RGB的图像,可以应用所有滤镜,而CMYK颜色模式的图像只能应用部分滤镜效果。在使用时,可以在"滤镜"菜单中进行查看,不可用的滤镜呈灰色显示。

Q50:文字图层怎么应用滤镜效果?

A:将文字图层栅格化或转换为智能对象,即可应用滤镜效果。

Q51:应用滤镜库中的滤镜时,明明参数一致,为什么效果不一样?

A:滤镜库中的一些滤镜效果受前景色和背景色影响,在添加滤镜前需要先设置前景色和背景色参数。

Q52：什么是智能滤镜？

A：应用于智能对象的滤镜即为智能滤镜。智能滤镜是一种非破坏性的滤镜，用户可以调整、移去或隐藏智能滤镜。也可以对不同智能滤镜的混合模式、不透明度等进行设置。

Q53：使用图像处理器时，一次只能转换一种文件类型吗？

A：不是，在打开的"图像处理器"对话框的"文件类型"选项区中，用户可同时勾选多个文件类型的复选框，此时运用图像处理器将同时得到所转换的多种文件格式。

Q54：怎么将"动作"面板中的动作转换为按钮？

A：单击"动作"面板右上角的菜单 ≡ 按钮，在弹出的快捷菜单中执行"按钮模式"命令，即可将"动作"面板中的动作转换为按钮，转换后，不能查看个别的命令或组。再次执行该命令可返回列表模式。

Q55：怎么排除动作中的部分命令？

A：在"动作"面板中，用户可以选择排除不想作为已记录动作的一部分播放的命令，在"按钮"模式中不能排除命令。单击"动作"面板中动作名称左侧的箭头 〉，展开动作的命令菜单。单击单个命令左侧的"切换项目开／关" ✓ 按钮，可以排除该命令，再次单击可包括该命令；单击一个动作名称或动作组名称左侧的"切换项目开／关" ✓ 按钮，可以排除该动作或动作组中的所有命令或动作，再次单击可包括该动作或动作组中的所有命令或动作；按住Alt键单击单个命令左侧的"切换项目开／关" ✓ 按钮，可以排除或包括除所选命令之外的所有命令。当排除动作中的某些命令后，父级动作的"切换项目开／关" ✓ 按钮将变为红色

Q56：执行"批处理"命令时，选择"覆盖动作中的存储为命令"复选框，怎么没有存储文件？

A：使用该复选框的前提是动作中包含"存储为"命令。

Q57：怎么批量将PSD格式文件转换为JPEG格式的文件？

A：执行"文件 > 脚本 > 图像处理器"命令，打开"图像处理器"对话框，选择要处理的图像后，在"文件类型"选项区中选择"存储为JPEG"复选框，设置品质和尺寸，单击"运行"按钮即可。

Q58：怎么快速将图层上的内容分别放置在不同的帧中？

A：单击"时间轴"面板中的菜单 ☰ 按钮，在弹出的快捷菜单中执行"从图层建立帧"命令，即可创建与图层数量相等的帧，且每个帧中仅包含一个图层的内容。要注意的是，执行该命令需要保证文档中有多个图层且只有一个帧。

Q59：创建帧动画时，怎么将当前帧的属性更改应用至同一图层中的其他帧上？

A：在"图层"面板中可以通过按钮统一动画帧中的图层属性，"图层"面板中的"统一图层位置" 🏕、"统一图层可见性" 👁 或"统一图层样式" 🎨 按钮可以设置是否将当前帧的属性所作的更改应用至同一图层中的其他帧。"传播帧1"选项决定是否将对第一帧中的属性所作的更改应用于同一图层中的其他帧。

Q60：怎么导出视频格式文件？

A：制作完成视频或动画后，可以通过"渲染视频"命令将其导出。在视频时间轴模式下单击"渲染视频" ↗ 按钮或执行"文件 > 导出 > 渲染视频"命令，打开"渲染视频"对话框，在该对话框中对导出视频的位置、格式等参数进行设置，完成后单击"渲染"按钮即可。

附录2
Photoshop通用快捷键

作用		快捷键	命令名称	快捷键
文件操作	新建文档	Ctrl + N	移动工具	V
	打开文档	Ctrl + O	裁剪工具	C
	关闭文档	Ctrl + W	画笔工具 / 铅笔工具	B
	保存文件	Ctrl + S	文字工具	T
	另存为	Ctrl + Shift + S	钢笔工具	P
编辑操作	撤销	Ctrl + Z	吸管工具	I
	剪切	Ctrl + X	抓手工具	H
	复制 / 粘贴	Ctrl + C / Ctrl + V	缩放工具	Z
	自由变换	Ctrl + T	渐变工具 / 油漆桶工具	G
	用背景色填充所选区域或整个图层	Ctrl + Delete	复制图层	Ctrl + J
	用前景色填充所选区域或整个图层	Alt + Delete	向下合并图层	Ctrl + E
图像调整	色阶	Ctrl + L	盖印图层	Ctrl + Shift + Alt + E
	曲线	Ctrl + M	将当前图层下移一层	Ctrl + [
	反相	Ctrl + I	将当前图层上移一层	Ctrl +]
	去色	Ctrl + Shift + U	合并可见图层	Ctrl + Shift + E
	色彩平衡	Ctrl + B	锁定图层	Ctrl + /
	色相 / 饱和度	Ctrl + U	编组图层	Ctrl + G
视图操作	放大 / 缩小视图显示比例	Ctrl + + / Ctrl + −	选择画布	Ctrl + A
	按屏幕大小缩放视图显示比例	Ctrl + 0	取消选区	Ctrl + D
	显示网格	Ctrl + '	反选	Ctrl + Shift + I
	显示标尺	Ctrl + R	重新选择	Ctrl + Shift + D

注：图层管理、选择功能为右侧命令的分类。